程序员书库

现代CPU性能分析与优化

[美] 丹尼斯 · 巴赫瓦洛夫(Denis Bakhvalov) 著
朱金鹏 李成栋 译

PERFORMANCE ANALYSIS AND TUNING ON MODERN CPUS

机械工业出版社
CHINA MACHINE PRESS

图书在版编目（CIP）数据

现代 CPU 性能分析与优化 /（美）丹尼斯 • 巴赫瓦洛夫（Denis Bakhvalov）著；朱金鹏，李成栋译．—北京：机械工业出版社，2022.11（2024.6 重印）
（程序员书库）
书名原文：Performance Analysis and Tuning on Modern CPUs
ISBN 978-7-111-71948-9

I. ①现… II. ①丹… ②朱… ③李… III. ①微处理器 - 结构性能 IV. ① TP360.2

中国版本图书馆 CIP 数据核字（2022）第 205115 号

北京市版权局著作权合同登记 图字：01-2021-6255 号。

现代 CPU 性能分析与优化

出版发行：机械工业出版社（北京市西城区百万庄大街 22 号 邮政编码：100037）
责任编辑：张秀华 责任校对：张爱妮 张 薇
印 刷：三河市骏杰印刷有限公司 版 次：2024 年 6 月第 1 版第 4 次印刷
开 本：186mm×240mm 1/16 印 张：13.75
书 号：ISBN 978-7-111-71948-9 定 价：99.00 元

客服电话：（010）88361066 68326294

The Translator's Words 译者序

多年前，在上一家公司参与某编译器项目时，为了度量编译器生成汇编指令的效率，我曾经尝试过基于控制流图（Control Flow Graph，CFG）模拟计算某个 Java 函数包含的汇编指令运行所需的总时钟周期数。虽然这是一种粗略的静态计算方法，跟 CPU 的真实运行场景有相当大的差别，但却在我心里种下了进一步了解指令在 CPU 内部究竟如何运行的种子。

后来，到新公司工作后，我开始整体负责虚拟机和编译优化相关业务，苦苦探索用于分析和度量程序性能的方法，以判断某段程序是否可以进行编译优化，以及可用何种方法进行优化。我们注意到了 Intel 在 x86 平台上的自顶向下微架构性能分析方法，但是相关论文中有大量的术语和背景知识，如微架构、流水线、前后端、翻译后备缓冲区（Translation Lookaside Buffer，TLB）等，理解起来非常困难。在网上搜索相关资料时，大部分都是碎片化的信息，对从整体上全面理解自顶向下分析方法并不能提供太大的帮助。

就在我们苦苦探索时，偶然在微信公众号“Linux 阅码场”上看到一篇文章推荐了两本书，其中一本是 Brendan Gregg 的《性能之巅》，另一本就是来自 Denis Bakhvalov 的 *Performance Analysis and Tuning on Modern CPUs*。我们瞬间就被目录中的内容吸引了，这不就是我们正在追寻的东西吗？于是，我们便一头扎了进去，如饥似渴地读了起来，读完感觉酣畅淋漓。之前很多不清晰的点，逐渐清晰了起来，尤其是微架构、性能分析和优化方法。

为了让更多人能够学习书中的内容，我们有了翻译这本书的念头，于是便跟 Denis

联络，申请翻译这本书，很快便得到了 Denis 的同意。然后，通过朋友联系到了机械工业出版社，洽谈协商后便开始了本书的翻译工作。因为本书主要讲的是芯片架构和编译优化，属于计算机领域基础软件部分，所以并不是全民追捧的技术热点，机械工业出版社对基础软件技术的专注和追求让人印象深刻。

本书系统地整理和总结了 Denis 在 easyperf.net 博客中所分享的内容。本书第一部分介绍性能评测方法、CPU 微架构运行机制与内存层级管理、基于 CPU 的性能分析方法论（自顶向下的微架构分析方法和屋顶线性能模型等）及相关工具。第二部分介绍如何基于 LLVM 编译器对自顶向下微架构分析的不同瓶颈类型进行优化。相比传统的架构和编译原理相关书籍，本书更贴近实战，详细介绍 Intel Skylake 处理器的硬件架构和相关特性，而不是泛泛地讲一些概念。其中对于编译优化部分，本书没有纠结于繁杂的编译原理，而是直接介绍 LLVM 提供的编译优化方法及原理。所以，我们可以在阅读本书的过程中直接对自己的 C/C++ 代码进行剖析和优化。在实际工作中，我们直接通过 PGO 编译和火焰图剖析对某个算法实现了 10% 的性能优化。略有遗憾的是，本书主要介绍的是 Intel x86 平台的内容，对 ARM 和 RSIC–V 等平台特性没有深入介绍，同时后两个芯片平台的性能剖析硬件支持也远远落后于 x86 平台。不过，得益于 LLVM 的跨平台特性，本书中讲到的几乎所有优化方法都适用于其他平台。

在此也提醒一下读者，本书介绍的分析和优化方法主要用于解决代码在 CPU 微架构流水线上运行的效率问题。如果你要优化的程序本身在业务逻辑上就存在性能缺陷，那么本书介绍的方法可能对你帮助不大。在你解决了业务上的性能问题后，本书介绍的方法也许可以助你一臂之力，让你的代码被优化或者被编译得更适合目标 CPU 的微架构，从而提升应用程序的性能或者降低能耗。

本书的翻译不是我一个人的功劳，当我刚开始投入时，字节跳动的董一峰和世纪互联的崔永新已经开始了一些翻译工作。参与进来后，我就承担起了组织大家一起翻译本书的工作。后来在操作过程中，由于一峰和永新工作比较繁忙，相对参与得比较少。董一峰为本书做出了非常关键和基础的贡献，打造了从 Markdown 到 PDF 的构建环境，解决了本书翻译过程中的排版大难题，让我们能够更多地关注书中的内容而非排版。后来，腾讯云的李成栋通过朋友介绍参与了进来，完成了本书第 3 章、跋和附录 A、附录 B 的翻译，以及大部分的校译工作。此外，编译优化方向的硕士研究生韦清福同学也参与了本书的校译工作，尤其对第 8 章中的循环优化和向量化等内容提供了大量的建设性意见。在此，一并衷心感谢所有参与翻译和校译工作的朋友们，是大家的一致努力让本书的翻译工作得以完成。尽管各位译者都尽可能想要把原文翻译准确，但难免有疏漏之处，欢迎大家斧正。

翻译本书占用了译者周末和凌晨的绝大部分时间，非常感谢家人的理解和成全，没有他们的全力支持，翻译工作是不可能完成的。

朱金鹏

于北京

Preface 前言

写作目的

我写这本书的目的很简单：帮助软件开发人员更好地理解应用程序在现代硬件上的性能。我知道，对于初学者甚至资深的开发人员来说，该话题可能会让他们感到困惑，这种困惑主要发生在没有从事过与性能相关的工作的开发人员身上。不过这并不是问题，毕竟所有的专家都曾是初学者。

我至今还记得刚开始进行性能分析的那些日子：盯着不熟悉的指标，试图匹配一些不匹配的数据，每日都感到非常困惑。我花了好几年的时间才终于融会贯通，把相关的知识拼图拼凑到了一起。当时，唯一的信息来源是软件开发者手册，但是它不是主流开发者喜欢阅读的文档。所以，我决定写这本书，希望本书能够让开发人员更容易地学习性能分析的相关概念。

认为自己是性能分析初学者的开发者，可以从本书的开头逐章阅读。第 2 ～ 4 章为开发者提供了阅读后面各章所需的必备知识，已经熟悉这些概念的读者可以选择跳过这些章节。此外，本书可用作优化软件应用程序的参考指南。读者可把第 7 ～ 11 章的内容作为调优代码的灵感来源。

目标读者

本书主要面向性能关键型应用程序和底层优化软件的开发者。这里只列举几个相关领域，如高性能计算（High-Performance Computing，HPC）、游戏开发、数据中心应用（如 Facebook 和 Google 等）、高频交易。但是，本书的应用范围并不局限于上述行业。对于任何希望更好地了解应用程序性能，希望知道如何诊断和改进应用程序的开发者来说，本书都是有用的。我希望本书中介绍的内容可以帮助读者培养可用于日常工作的新技能。

读者应当具备 C/C++ 编程语言的基本知识，以方便理解本书的示例。如果读者具备基本的 x86 汇编语言阅读能力则更佳，但这并非严格要求。读者还需要熟悉计算机架构和操作系统的基本概念，如中央处理器、内存、进程、线程、虚拟内存和物理内存、上下文切换等。如果读者还不熟悉上述术语的话，建议先学习一下相关知识。

Acknowledgements 致谢

非常感谢 Mark E. Dawson，他帮助我撰写了 7.8 节、8.1.3 节、10.3 节、10.5 节、11.1 节、11.5 节、11.6 节和 11.7 节。他是高频交易行业公认的专家，非常热心地分享了他的专业知识。

感谢 Sridhar Lakshmanamurthy，他帮助我撰写了第 3 章关于 CPU 微架构的主要部分。他在 Intel 工作数十年，是半导体行业的资深人士。

非常感谢 LLVM 编译器中向量化框架的原作者 Nadav Rotem，他帮助我编写了 8.2.3 节。

感谢 Clément Grégoire，他帮助我撰写了 8.2.3.7 节。他拥有丰富的游戏开发经验，他的评论和反馈帮助本书解决了游戏开发行业面临的一些挑战。

本书的出版还依赖以下审稿人：Dick Sites、Wojciech Muła、Thomas Dullien、Matt Fleming、Daniel Lemire、Ahmad Yasin、Michele Adduci、Clément Grégoire、Arun S.Kumar、Surya Narayanan、Alex Blewitt、Nadav Rotem、Alexander Yer-molovich、Suchakrapani Datt Sharma、Renat Idrisov、Sean Heelan、Jumana Mundichipparakkal、Todd Lipcon、Rajiv Chauhan、Shay Morag 等。

此外，还要感谢性能社区的无数博客文章和论文。从 Travis Downs、Daniel Lemire、Andi Kleen、Agner Fog、Bruce Dawson、Brendan Gregg 等人的博客中，我学到了很多东西。我站在巨人的肩膀上才得以完成此书，所以本书的成功不应该只归功于我自己，这本书也是我为了感谢和回馈整个社区而作。

最后，还要感谢我的家人，他们给了我足够的耐心和支持，为我放弃了周末旅行和每晚的散步活动。没有他们的支持，我是不可能完成本书的。

About the Author 作者简介

丹尼斯·巴赫瓦洛夫（Denis Bakhvalov）是Intel的一名高级开发人员，在Intel从事C++编译器项目相关工作，旨在为不同的芯片架构生成最佳代码。性能工程和编译器一直是他的主要兴趣所在。他于2008年开始了他的软件开发职业生涯，参与过多个领域的工作，包括桌面应用程序开发、嵌入式系统开发、性能分析和编译器开发。2016年，他开设了easyperf.net博客，开始在博客中撰写性能分析、调优、C/C++编译器和CPU微架构相关的文章。他热爱生活，在空余时间致力于践行积极的生活方式，常去踢足球、打网球、跑步或下棋。

联系方式：

- 电子邮件：dendibakh@gmail.com
- Twitter：@dendibakh
- LinkedIn：@dendibakh

Contents 目录

第二部分 基于源代码的CPU调优

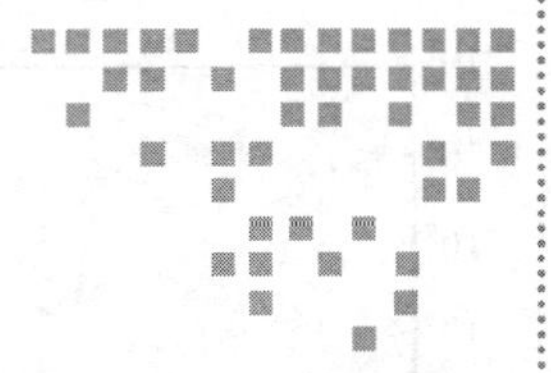

第 1 章　Chapter 1

导读

人们常说："性能为王。"十年前如此，当然现在也未改变。根据文献（Dom，2017），2017 年全球每天都在制造 250 亿亿[一]字节的数据，而根据文献（Sta，2018）的预测，这个数字每年还要增大 25%。在日益以数据为中心的世界中，信息交换需求的增长促进了对更快的硬件和软件的需求。公平地讲，数据的增长不但对算力也对网络和存储系统提出了要求。

在 PC 时代[二]，开发者通常在操作系统上直接编程，可能用到介于应用程序和操作系统之间的一些库函数。而在云计算时代，软件栈层次变得更深、更复杂，大部分开发者接触的软件栈顶层离硬件层更为遥远。栈的中间层把底层硬件做了抽象，这样当新的计算负荷出现时可以采用新型的计算加速单元。然而，这种演进的负面影响是现代应用程序开发者对运行他们软件的实际硬件不甚了解。

得益于摩尔定律，过去几十年软件开发者一直在"搭便车"。一些软件供应商更愿意等待新一代的硬件平台来提升应用程序的执行速度，而不是花费人力来优化代码。在图 1 中，我们可以看到单线程性能[三]的增长速度正在放缓。

[一] 100 亿亿（Quintillion），10 的 18 次方（10^{18}）。

[二] 从 20 世纪 90 年代末到 21 世纪第一个十年末，个人计算机（Personal Computer，PC）主导了计算设备市场。

[三] 单线程性能指 CPU 核中单个硬件线程的性能。

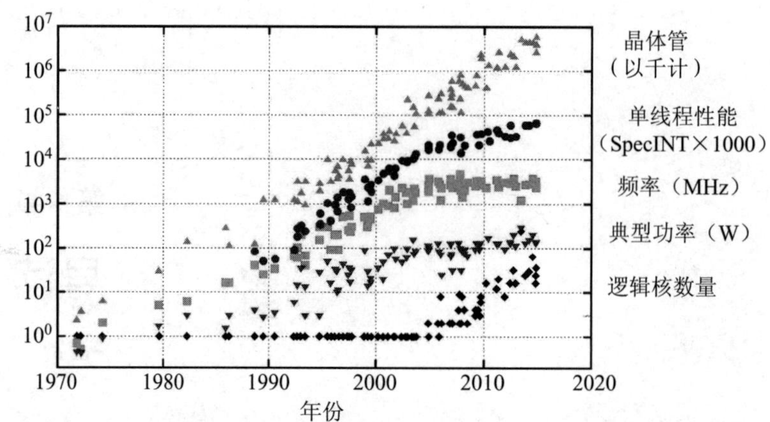

图中到 2010 年的原始数据由 M. Horowitz、F. Labonte、O. Shacham、K. Olukotun、L. Hammond 和 C. Batten 收集和绘制，图中 2010 年到 2015 年的数据由 K. Rupp 收集

图 1 微处理器 40 年趋势数据（© 图片来自 K.Rupp 的 karlrupp.net 网站）

当每代的新硬件不再显著提升性能（Leiserson et al.，2020）时，我们就必须更加关注代码的运行速度。在寻找性能提升的方法时，开发者不应该依赖硬件，而是应该优化应用程序的代码。

> “当今的软件效率非常低，因此再次成为软件程序员构建真正优化技能的黄金时代。”
>
> ——Marc Andreessen，美国企业家和投资人（a16z Podcast，2020）

个人经验 在 Intel 工作时，我经常听到这样的故事：当客户遇到应用程序执行慢的问题时，他们会立刻下意识地抱怨 Intel 的 CPU 太慢了。但 Intel 派出性能专家并跟客户一起调优应用程序后，应用程序的执行速度提升 5 倍甚至 10 倍的案例并不少见。

获得高水平性能的过程充满了挑战，通常需要付出大量的努力，希望本书提供的一系列工具能帮助你实现较高的性能。

1.1 为什么需要性能调优

现代 CPU 的核数量每年都在增长，到 2019 年底，我们可以购买到具有 100 多个逻辑核的高端服务器处理器。虽然令人惊叹，但这并不意味着我们无须关心性能问题，我们经常看到的情况是应用程序性能可能不会随着CPU核数量的增加而提升。典型的通用多线程应用程序的性能并不总是随着分配到任务的CPU核数量的增长而线性增长，了解发生这种情况的原因及可能的解决方案对产品的未来发展至关重要。产品性能若不能被恰当地分析和调优，可能会导致大量的性能和资金浪费，甚至可能导致产品最终失败。

据论文（Leiserson et al.，2020）介绍，至少在近期，大部分应用程序的性能提升都源自软件栈。但是很不幸，应用程序并不会默认得到最优的性能。在论文（Leiserson et al.，2020）中，作者提供了一个很好的例子，描绘了在源代码层面进行性能提升的潜力。表1总结了两个4096×4096矩阵相乘的程序经性能工程优化后的加速效果。经过多种优化后的最终结果是程序运行速度提升了60 000多倍。举这个例子并不是为了让你选择Python或者Java语言（它们都是非常优秀的编程语言），而是为了打破默认情况下软件就有“足够好”性能的印象。

表1　通过性能工程加速两个4096×4096矩阵相乘的程序

程序版本	实现方式	绝对加速	相对加速
1	Python	1	—
2	Java	11	10.8
3	C	47	4.4
4	并行循环	366	7.8
5	分治并行	6727	18.4
6	加上向量化	23 224	3.5
7	加上内建AVX指令	62 806	2.7

注：运行于双插槽60 GB内存Intel Xeon E5-2666 v3系统上，摘自论文（Leiserson et al.，2020）。

以下是影响系统在默认情况下获得最佳性能的一些重要因素：

1. CPU的限制　人们经常会忍不住问：“硬件为何不能解决这一切性能问题？”现代CPU以惊人的速度执行指令，并且每一代都在变得更好。但是，如果执行任务的指令不是最优的甚至是多余的，CPU也无能为力，处理器并不能神奇地把次优的代码转化为性能更好的代码。例如，如果我们用冒泡算法BubbleSort实现排序程序，CPU无法识别出它是排序算法的实现并替换为更好的算法（如快速排序算法QuickSort）。CPU盲目地执行被告知的任务。

2. 编译器的限制 “这不是编译器该干的事情吗？为什么编译器没有解决所有的问题？”不错，当今的编译器非常智能，但是仍然会生成次优的代码。编译器很擅长消除冗余，但是当需要对诸如函数内联、循环展开等做出更复杂的决定时，编译器也许不能生成最佳的代码。例如，对于编译器是否应当将函数内嵌到调用它的代码中，并没有二选一的“是”或“否”的答案，而是依赖编译器对多种因素的综合考量。通常，编译器会根据复杂的成本模型和启发式方法进行判断，但这不能保证在所有可能场景下都正确。此外，编译器只会在确保安全且不影响生成的机器码正确性的情况下做代码优化。对编译器开发者来说，要在所有可能情况下让某些优化操作生成正确的机器码是非常困难的，所以他们通常采取保守策略以避免进行某些优化[㊀]。最后，编译器通常不会改变程序使用的数据结构，因为数据结构对性能至关重要。

3. 算法复杂度分析的限制 开发者经常过度关注算法复杂度分析，进而导致他们倾向于采用复杂度最优的流行算法，即使对给定问题而言它可能并不是性能最优的。例如，对于两个排序算法 InsertionSort 和 QuickSort，如果采用大 O 来度量，一般而言后者会胜出：InsertionSort 的时间复杂度是 $O(N^2)$，而 QuickSort 的复杂度是 $O(N\log N)$。当 N 相对较小[㊁]时，InsertionSort 比 QuickSort 表现更好。复杂度分析无法解释各种算法的所有分支预测和缓存的影响，所以只是将它们封装成一个隐含的常数 C，有时这会对性能产生巨大的影响。不经过对目标负荷的测试而盲目地信任大 O 度量，会让开发者误入歧途。对某个问题，即使最知名的算法也不一定能在所有输入情况下都性能表现最佳。

上述限制为软件性能调优以充分发挥其潜力提供了空间。广义来说，软件栈包含很多层，例如，固件、BIOS、操作系统、函数库和应用程序源代码。但是，由于大多数底层软件都不在我们的直接控制范围内，因此我们主要聚焦在源代码上。另外一个经常接触的软件组件是编译器，通过各种注解，编译器可以生成让程序性能显著提高的机器码，本书将给出很多这样的例子。

> **个人经验** 即使你并不是编译器专家，也能成功地提升应用程序的性能。根据我的经验，至少 90% 的转换可以在源代码层面完成，而无须

㊀ 在浮点运算操作的顺序方面，这个问题很突出。

㊁ 通常在 7 ~ 50。

> 深入研究编译器源代码。尽管如此，理解编译器的工作原理，以及懂得如何能够让编译器为你所用还是非常有帮助的。

此外，在当前单线程性能已经达到峰值并趋平时，把应用程序分布式运行于多个计算核是很有必要的。而这就要求程序的不同线程之间能高效通信、排除不需要的资源消耗并规避多线程程序的典型问题。

特别需要指出的是，性能的提升不止来自软件调优。据论文（Leiserson et al., 2020）介绍，未来另外两个主要潜在加速源是算法（尤其对机器学习等新问题领域）和高效的硬件设计。显然，算法对应用程序性能有显著的影响，但是在本书中我们不讨论这个主题。因为大多数时候，软件工程师都是在现有硬件平台上开发，所以我们也不讨论新的硬件设计。当然，理解现代CPU设计对应用程序调优很重要。

> "在后摩尔定律时代，让代码运行得更快（尤其根据运行它的硬件进行定制）变得更加重要。"（Leiserson et al.，2020）

本书中的方法论聚焦于从应用程序中挤出最后一点性能潜力，这类转换方法可以参考表1中的第6行和第7行。将要讨论的优化方法对性能的提升通常不会很大，一般不超过10%，但是千万不要低估这10%的提升的重要性，特别是对那些运行在云环境下的大型分布式应用程序。根据文献（Hennessy，2018）的介绍，在2018年，谷歌在运行云的计算服务器上实际花费的费用几乎与其在电力和冷却基础设施上的花费相同。能源效率是一个很重要的问题，而它可以通过优化软件来改善！

> "在这样的规模下，理解性能特征变得很关键——即使性能或利用率上很小的改善也可以转化为巨大的成本节约。"（Kanev et al.，2015）

1.2　谁需要做性能调优

在类似高性能计算（High-Performance Computing，HPC）、云计算服务、高频交易（High-Frequency Trading，HFT）、游戏开发和其他性能关键型领域中，性能工程不需要太多理由来证明其必要性。例如，谷歌报告称，搜索速度降低2%会引起每个用户的搜索量下降2%。对雅虎网站来说，页面加载时间减少400 ms会带来5%～9%的新增流量。在用户数量很大的游戏场景，即使是小的性能提升也会产生显著的影响。这些例子表明，服务运行得越慢，使用它的用户越少。

有趣的是，对性能工程有需求的并不局限于上述领域。如今，通用应用程序和服务也需要性能工程，我们日常使用的工具如果不能满足性能方面的需求就无法生存下来。例如，已经集成在微软Visual Studio IDE中的Visual C++ IntelliSense[一]功能就有非常苛刻的性能约束要求。如果IntelliSense的自动补全功能可以正常工作，它必须在几毫秒之内完成对整个源代码库的解析[二]。如果需要等待几秒钟才能弹出自动补全建议，那么不会有人愿意使用该代码编辑器。这样的功能必须有非常快的响应速度，并在开发者敲入新代码时能提供有效的连续性体验。类似的应用要想取得成功，只能在设计软件时就考虑到要实现这种效果的性能要求和合理的性能工程。

有时候，高性能工具会在其最初设计的目标领域之外发挥作用。例如，目前类似Unreal[三]和Unity[四]的游戏引擎在建筑、3D展示、电影制作等领域广泛使用。因为它们的性能非常出色，所以它们成了需要2D和3D渲染、物理引擎、碰撞检测、声音、动画等特性的应用程序的自然选择。

> “高性能工具并不只是能让用户更快地完成任务，它还能够让工具的使用者用全新的方式完成全新类型的任务”
>
> ——Nelson Elhage 博客[五]

我不想直白地说人们痛恨运行速度慢的软件，但应用程序的性能是用户换用竞争对手产品的一个因素，重视产品的性能提升可以提高产品的竞争力。

性能工程是重要且有回报的工作，但它可能非常耗时。事实上，性能优化是一场无尽的游戏，因为总是存在值得优化的地方。不可避免地，开发者将会到达收益递减、事倍功半的时候，在这种情况下，进一步的改进需要非常高的工程成本，但是优

㊀ https://docs.microsoft.com/en-us/visualstudio/ide/visual-cpp-intellisense。

㊁ 实际上，不可能在几毫秒内解析整个代码库。IntelliSense只重新构建改变过的AST部分。更多实现细节可以观看视频（https://channel9.msdn.com/Blogs/Seth-Juarez/Anders-Hejlsberg-on-Modern-Compiler-Construction）。

㊂ https://www.unrealengine.com。

㊃ https://unity.com/。

㊄ 见“Reflections on software performance”（https://blog.nelhage.com/post/reflections-on-performance/）。

化效果可能不值得花费如此的高成本。从这一点看，何时停下优化步伐也是性能调优工作的一个关键要点[1]。有些机构通过在代码审核流程中集成信息的方式来达到这一目标：源代码行用相应的“成本”指标进行注释。使用该指标来判断是否值得继续提升性能。

在开始性能调优工作之前，确保有充分的理由这样做。如果不能增加产品价值，为了优化而优化的工作纯属无用工作。合理的性能调优工作总是要先定义性能目标，论述清楚希望达到的结果以及这么做的原因。此外，还要选择度量目标是否达成的指标。关于设定性能目标的更多内容，请参考文献（Gregg，2013）和（Akinshin，2019）。

不管如何，掌握性能分析和调优的技能总是有用的。如果你阅读此书的目的就是学习这项技能，那么请继续阅读下面更精彩的章节。

1.3 什么是性能分析

你有过与同事就某一段代码的性能争论的经历吗？如果有过，那你肯定了解预测哪部分代码表现最优是一件多么困难的事。现代处理器中有非常多的变化组件，即使代码层面很小的改动都可能引发显著的性能变化。这就是为何本书给大家的第一个建议是：**一定要测量。**

> **个人经验** 我看到不少人依赖直觉来优化应用程序，他们通常在这里或那里进行随机的修复，最后却对应用程序性能没有任何实质性的影响。

经验不丰富的开发者经常修改代码，希望提升性能。例如，设想 `i` 的前一个值不会被使用，从而把 `i++` 替换成 `++i`。这种改变通常没有任何实质效果，因为每一个合格的编译器都能识别出 `i` 的前一个值没有被使用，并且无论如何都会去除冗余的数据。

许多过去广泛流传的有效优化小技巧，已经被现代编译器学会了。此外，有些人会过度使用传统的位处理技巧，其中一个例子是使用基于 XOR 的变量交换，但实际上，简单的 `std::swap` 就能产生更快的代码。这些随机修改可能并不会提升应用程

[1] 屋顶线性能模型（见 5.5 节）和自顶向下微架构分析技术（见 6.1 节）可以用来评估性能和硬件理论极限的关系。

序的性能，正确找到需要修改的位置需要进行仔细的性能分析，而不是依靠直觉和猜测。

业界有许多性能分析方法论[⊖]，但它们并不是总能帮助你找到方向。本书中介绍的专门针对 CPU 的性能分析方法有一个共同点：它们都需要收集程序运行的某些信息。程序源代码中的任何修改，都是根据对收集到的数据进行分析得出的。

定位性能瓶颈只是工程师工作的一半，而另一半工作是用合理的方法解决它。有时，改变一行程序源代码就会显著地提升程序性能。性能分析和性能优化就在于找到这一行代码并进行修改！

1.4 本书的主要内容

本书主要是为了帮助开发者理解他们所开发的应用程序的性能表现，学会寻找并去除低效代码。“为何自己写的归档工具比传统方法慢很多？为何对函数的修改引起了性能劣化？客户在抱怨程序很慢，但你不知道该从哪里入手才能解决？是否已经充分优化了程序？对于缓存未命中和分支预测错误问题，应该做些什么？”希望读完本书之后，你能得到这些问题的答案。

以下是本书内容概要：

- 第 2 章讨论如何开展性能实验及分析实验结果，介绍性能测试和对比结果的最佳实践。
- 第 3、4 章介绍 CPU 微架构的基本知识和性能分析相关术语，如果你已经熟悉这些知识，可以跳过。
- 第 5 章探讨几种流行的性能分析方法，介绍性能问题剖析方法的工作原理，以及应采集哪些数据。
- 第 6 章介绍现代 CPU 为支持及增强性能分析所提供的特性的相关信息，涵盖它们的工作原理以及能够解决的问题。
- 第 7 ～ 9 章介绍典型性能问题的处理方法，它们以最方便的方式与自顶向下微架构分析（Top-Down Microarchitecture Analysis，TMA）（见 6.1 节）一起组织

[⊖] http://www.brendangregg.com/methodology.html。

和搭配使用。TMA 是本书的重要概念。

- 第 10 章包含前 3 章中未讨论过但值得在本书中专门介绍的一些优化专题。
- 第 11 章讨论多线程应用程序的性能分析技巧，概要地描述多线程应用程序性能优化所要面对的挑战及可以使用的工具。这个主题涵盖非常广，所以这一章仅聚焦于硬件相关的问题，例如，“伪共享”。

本书提供的例子主要基于开源软件：Linux 操作系统、基于 LLVM/Clang 的 C 和 C++ 编译器、perf 工具。之所以选择这些软件不仅仅是因为它们非常流行，还因为它们开放的源代码可以帮助我们理解底层工作原理，而这对学习和掌握本书中讲述的概念非常有帮助。本书也会展示某些特定领域专用的闭源重磅工具，例如 Intel VTune Profiler。

1.5 本书不包含什么内容

系统性能取决于构成整个系统的不同组件，如 CPU、操作系统、内存、IO 设备等，而应用程序能够从不同组件的性能优化获益。通常来说，工程师应当分析整个系统的性能，然而，影响整个系统性能的最大因素是其核，即 CPU。这也是本书从 CPU 视角探讨性能分析的原因，当然，在个别情况下也会涉及操作系统、内存等子系统。

本书讨论的问题只局限于单 CPU，也就是说，本书不讨论分布式、NUMA、异构计算系统的优化技术，也不讨论使用 OpenCL、OpenMP 等框架平台将计算卸载到加速器（GPU、FPGA 等）的技术。

本书围绕 Intel x86 CPU 架构平台展开，不提供 AMD、ARM、RISC-V 等芯片架构的优化办法，但是本书运用的调优技巧同样适用于这些处理器。另外，本书中的案例以 Linux 操作系统为平台，但是同样的技巧实际上也可以应用于 Windows、Mac 等操作系统。

本书中所有的代码片段都以 C、C++ 以及 x86 汇编语言编写，但是绝大部分的思想也可以用于使用类似 Rust、Go 甚至 Fortran 语言编写的代码。由于本书面向在用户态运行的程序，直接接近硬件本身，因此我们不讨论管理环境（例如 Java）下的问题。

最后，本书作者假定读者能完全控制自己开发的软件，包括选择库函数、编译器等。因此，本书不包括对某些商用软件包的调优，例如优化 SQL 数据库查询。

1.6 本章总结

- 硬件在单线程性能方面没有像过去那样获得那么多的性能提升，这就是性能调优变得比过去 40 年时更重要的原因，如今计算行业的变化比 20 世纪 90 年代以来的任何时候都要剧烈。
- 根据文献（Leiserson et al.，2020），在不远的将来软件调优将成为性能提升的关键驱动力，所以不可以低估性能调优的重要性。对于大型分布式应用程序来说，每个细小的性能优化都可能节省巨大的成本。
- 软件并不默认具有最优的性能，某些因素会限制应用程序发挥最大潜能，而这些限制因素存在于软件、硬件环境。CPU 并不会神奇地加速慢算法，编译器也不能为每个程序都产生最优的机器码。由于硬件的特殊性，针对特定问题的著名算法并不一定总是能够达到期望的效果。所有这些因素都为软件调优工作留下了发挥空间。
- 对某些应用程序来说，性能不只是一个简单的功能特性，它还能够让用户用全新方法解决全新的问题。
- 软件优化需要有强烈的业务需要支撑，开发者应该设定可量化的目标和指标来衡量进度。
- 现代计算平台下，各种因素掺杂在一起，预测某段代码的性能几乎不可能。开展软件调优工作时，开发者不应当依赖直觉，而应当使用细致的性能分析。

第一部分 *Part 1*

现代 CPU 性能分析

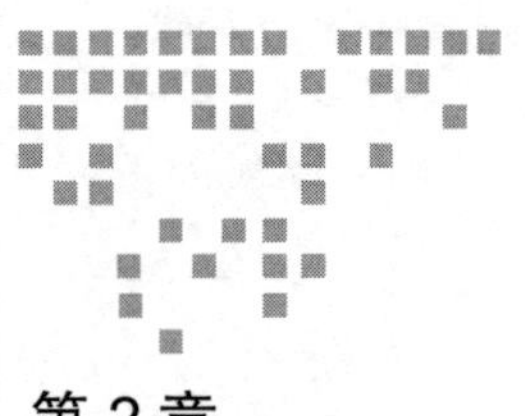

Chapter 2 第2章

性能测量

理解应用程序性能的第一步是学会对它进行测量。有些人认为性能本身就是应用程序的特性之一[1]，但是与其他特性不同，性能不是非此即彼的特性：应用程序总是有性能表现的，这也是无法用"是"或"否"回答应用程序是否有性能问题的原因。

与绝大部分功能问题相比，性能问题通常很难跟踪和复现[2]。基准测试每次运行的结果都不尽相同。例如，解压一个 zip 文件时，每次运行返回的结果总是一样的，这意味着该操作是可复现的[3]。然而，我们不可能复现与该操作完全一样的性能剖析结果。

任何关注过性能评估的人可能都知道公允地进行性能测量并从中得出准确结论是多么困难。性能测量有时会出人意料，改变一段看上去并不相关的代码可能对性能带来让人惊讶的重大影响，这就是所谓的测量偏差。因为在测量中存在误差，性能分析通常需要通过统计方法进行处理。该主题值得用一整本书来讨论，该领域已有很多极端案例和大量的研究，我们不再就此深入讨论。相反，我们只关注大体的想法和需要遵循的规则。

开展公允的性能实验是获得精确及有意义结果的基本步骤。设计性能测试和配置

---

[1] 见 Nelson Elhage 的博客"Reflections on software performance"（https://blog.nelhage.com/post/reflections-on-performance/）。

[2] 有时，我们还需要应对罕见的、非确定性及难以复现的软件缺陷。

[3] 假定无数据竞争问题。

测试环境都是性能评估工作的重要组成部分。本章将简要介绍现代系统在性能测量过程中为何会出现噪声以及如何应对，讨论在真实生产环境下测量性能的重要性。

每个长生命周期的产品都会有性能退化的情况，这点在涉及大量代码贡献者和经常发生改变的大型项目上尤为严重。本章专门用几页篇幅讨论在持续集成和持续交付（Continuous Integration/Continuous Delivery，CI/CD）过程中自动化跟踪性能变化的流程。本章还提供在开发者修改代码后如何正确收集并分析性能测量指标的通用指南。

本章最后介绍了开发者测量时间时会使用的软硬件计时器，以及设计和开发微基准测试时经常会遇到的陷阱。

2.1　现代系统中的噪声

在软件和硬件中，存在不少可以提升性能的功能点，但不是所有的功能点都有确定性的行为。以动态频率调节（Dynamic Frequency Scaling，DFS）为例，它是一个在短时间内提升 CPU 频率让其运行速度明显加快的特性。但是，CPU 不能长时间处于“超频”状态，稍后它会降低到基本值。DFS 很大程度上由 CPU 核的温度决定，因此很难预测其对实验结果的影响。

如果我们运行两次性能基准测试，先在一个“冷”处理器[⊖]运行一次，然后立即再运行一次。第一次运行可能是先在“超频”状态运行一段时间，然后频率降回到基本水平。然而，第二次运行可能并没有这个优势，不会进入“超频”状态而一直处于基础频率。即使我们运行相同版本的程序两次，它们的运行环境也可能不同。图 2 展示了动态频率调节引起测量结果差异的情况。在笔记本计算机上进行基准测试时，这种情况很常见，因为它们的散热能力非常有限。

动态频率调节是一个硬件特性，但是测量结果差异还有可能来自软件功能。以文件系统的缓存为例，如果我们对执行大量文件操作的应用程序做基准测试，则文件系统本身对性能有非常大的影响。当第一次运行基准测试时，文件系统缓存数据项还不存在，但是当第二次运行测试时，缓存已经被预热过了，应用程序会比第一次快很多。

不幸的是，测量偏差还不只来自环境配置。论文（Mytkowicz et al.，2009）表明，

⊖ “冷”处理器是指 CPU 处于空闲状态一段时间后，处于冷却状态。

UNIX 环境变量的大小（即存储环境变量所需要的字节数）和链接顺序（提供给链接器的目标文件顺序）能够对性能产生不可预知的影响。此外，还有很多种影响内存排布的方法，它们会潜在地影响性能测量。论文（Curtsinger & Berger，2013）提出了一种在现代架构下对软件进行统计学意义上可靠的性能分析的方法，该研究表明在运行时有效且重复地将代码、堆栈和堆对象随机放置，可以消除由内存排布引起的测量偏差。不幸的是，这些想法并没有发展得更远，现在这个项目几乎已经被废弃了。

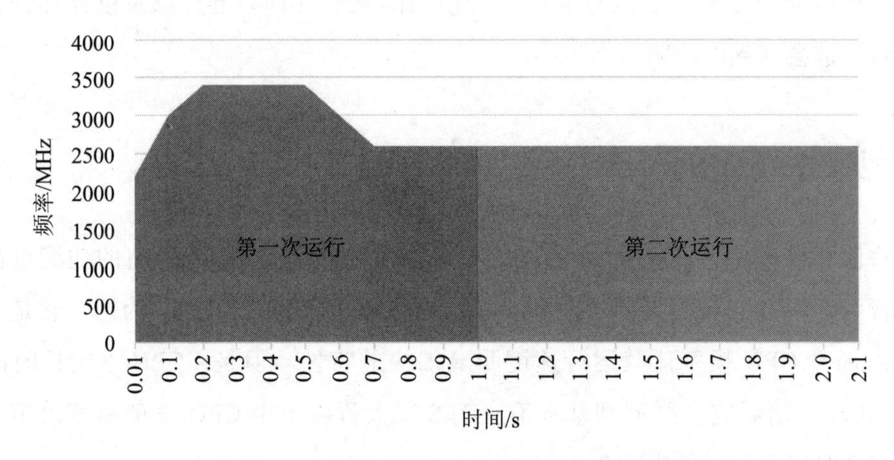

图 2　动态频率调节导致的测量结果差异

> **个人经验**　请记住，即使运行任务管理工具——例如 Linux top，也会影响测量结果，因为某些 CPU 核会被激活并分配给该工具的进程，这可能会影响运行实际基准测试程序的 CPU 核频率。

获得一致的测量结果需要所有基准测试都在同样的条件下进行，然而，重现所有的环境并完全消除偏差几乎是不可能的，因为可能存在不同的温度、功率传输峰值，运行的相邻程序不同等。追查系统中所有可能的噪声和差异来源可能永无止境，有时甚至是不可能完成的，例如在对大型分布式云计算服务做基准测试时。

所以，消除系统的不确定性有助于进行定义明确、稳定的性能测试，例如微基准测试。例如，对同一个程序的不同版本，我们希望用基准测试来测量代码变化带来的相对加速比时，需要控制基准测试中的大部分变量，包括输入、环境配置等。在这种情况下，消除系统的不确定性能够得出更一致、更精确的比较结果。在完成本地测试后，还需要确保预期性能提升能够在实际应用环境下得到体现。附录 A 中给出了导致性能测量噪声的例子，以及防止它们发生的办法。此外，还有一些通过设置测试环境以确保低方差的基准测试结果的工具，其中一个叫 temci[⊖]。

当估计实际程序的性能优化效果时，不建议去除系统的不确定性行为。工程师应当尝试复制被优化的目标系统的配置，在被测系统中引入人为调整会导致与用户在实际使用中的结果不一致。此外，任何性能分析工作——包括采样（见 5.4 节），都应当在与实际部署最接近的系统下进行。

最后，重要的是要记住，即使特定的硬件或软件功能存在不确定性行为，也并不意味着是件坏事。它可能会给出不一致的结果，但它的设计初衷就是提升整个系统的性能。禁用这类功能可能会减少基准测试中的噪声，但会让整个测试套件耗时更长。当整个基准测试套件的总运行时长有限制时，这点可能对 CI/CD 的性能测试尤为重要。

2.2　生产环境中的性能测量

当应用程序在共享基础设施上运行（通常在公有云中）时，通常同一台物理服务器上还会有其他客户的计算负载存在。随着虚拟化和容器等技术的日渐流行，公有云供应商也尝试最大化服务器资源的利用率。不幸的是，这种环境为性能测量带来了新的困难，因为与相邻进程共享资源会对性能测量产生不可预知的影响。

在实验室环境重建生产负载来做分析会很困难，有时不可能通过“内部”性能测试组合出相同的行为，这也是越来越多的云服务供应商和超大规模云使用者选择直接在生产系统上进行性能剖析和监控（Ren et al.，2010）的原因。在“没有其他参与者”的情况下测量性能，可能无法反映客观真实的情况。在实验室环境下实施的代码优化虽表现良好，但在生产环境下表现不佳，因此可以说是在浪费时间。话虽如此，但也并不是不需要持续“内部”测试以及早发现性能问题。虽然不是所有的性能退化都能在实验室中发现，但是工程师应该设计能代表实际场景的性能基准测试用例。

大型服务提供商通过部署遥测系统来监控用户设备的性能已经成为一种趋势。例如，Netflix Icarus 的遥测服务运行在全世界数千种不同的设备上，从而帮助 Netflix 理

⊖ https://github.com/parttimenerd/temci。

解真实用户的应用性能体验。它帮助工程师分析收集的数据，并寻找之前无法发现的问题。这类数据可以帮助工程师在确定优化方向时做出更明智的选择。

测量开销是生产环境监控的一个重要问题。由于任何监控都会影响正在运行的服务的性能，因此应该使用尽可能轻量的性能剖析方法。论文（Ren et al., 2010）中提到，“如果对正在提供真实服务的服务器进行持续的性能剖析，极低的性能开销是至关重要的”。通常可以接受总体不超过 1% 的开销，减少监控开销的办法包括限制被监控的机器数量和使用更小的监控时间间隔。

在这样的生产环境下测量性能意味着我们需要接受其有噪声的天然属性，并使用统计方法来分析结果。论文（Liu et al., 2019）中有一个很好的例子，它介绍了像 LinkedIn 这样的大公司是如何在生产环境的 A/B 测试时使用统计方法来测量和比较分位数指标（比如，页面加载时间的第 90 百分位）的。

2.3 自动检测性能退化问题

软件供应商提高产品的部署频率逐渐成为一种趋势，公司正在持续地寻找各种可以加快产品推向市场的方法。不幸的是，这并不意味着软件产品会自动随着每个版本的发布而表现更佳。尤其是，软件的性能缺陷会以惊人的速度蔓延到生产环境中（Jin et al., 2012）。软件中有大量的修改，这对通过分析所有运行结果和历史数据来检测性能退化来说是一个挑战。

软件性能退化是指软件从一个版本演进到下一个版本时被错误地引入了缺陷。识别出性能缺陷并优化意味着需要在充满噪声的测试环境中，通过测量性能来检测哪些提交的代码修改影响了性能。从数据库系统到搜索引擎再到编译器，几乎所有大型软件系统在持续演进和部署的生命周期中都会出现性能退化问题。在软件开发过程中，性能退化也许是不可能完全避免的，但是如果配合适当的测试工具和诊断工具，可将此类缺陷渗透到生产代码的可能性降到最低。

第一个办法是安排人员看图来比较结果，不过这个办法很快就被大家放弃了，因为人很容易因注意力不集中而错过性能退化缺陷，尤其在分析如图 3 所示的嘈杂图表时。例如，人类可能会捕捉到发生在 8 月 5 日的性能退化，但之后发生的退化并不明显，很容易被忽略。除了容易出错之外，让人参与到该检测环节中意味着必须有人日复一日地承担这种耗时且枯燥的工作。

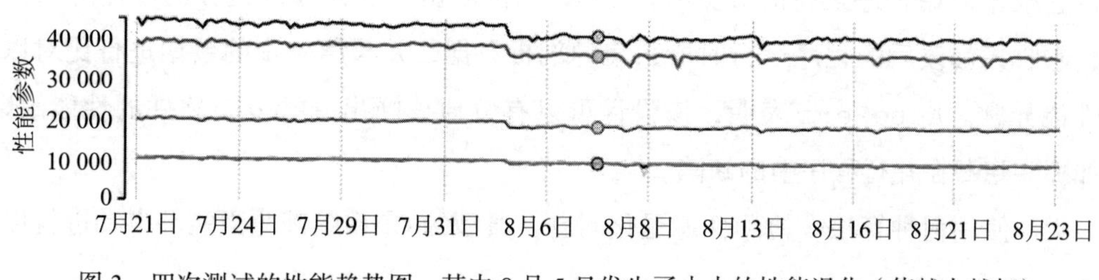

图 3 四次测试的性能趋势图，其中 8 月 5 日发生了小小的性能退化（值越大越好）
图片来自（Daly et al.，2020）

第二个办法是设定一个简单的阈值门限，这听上去比第一个办法好一些，但仍然存在着不足。性能测试的波动不可避免，有时，一处无害的代码修改[1]都能引起基准测试结果的变化。选择合适的阈值门限是非常困难的事情，并且不能保证误报率低。阈值设定过低会导致误报一些由随机噪声引起而不是代码变化引起的性能退化数据，阈值设定过高会导致过滤不出真正存在性能退化的问题。小的改变通常可以逐渐堆积，导致更大的性能退化，但小的改变经常不被注意[2]。在图 3 中，我们可以观察到对每个测试都需要做出阈值门限调整。由于噪声水平的不同，我们对上面线条代表的测试设定的阈值并不能适用于下面线条代表的测试。CI 系统中每次测试需要设置不同的阈值来报告性能退化的实例可参考 Chromium 项目中的 LUCI。

论文（Daly et al.，2020）采用了最近的一种识别性能退化的方法，MongoDB 开发者开展了改动点分析，用以发现他们的数据库产品在代码库演进过程中性能的变化。根据论文（Matteson & James，2014），改动点分析是在时序观测中检测分散的变化的过程。MongoDB 开发者使用了 E-Divisivemeans 算法，该算法把改动点按时间序列分为集中的簇，然后逐次地选择改动点簇。他们的开源 CI 系统 Evergreen[3]使用了该算法，以把改动点展现在图上并开出 Jira 工单。关于该自动化性能测试系统的更多信息，详见论文（Ingo & Daly，2020）。

论文（Alam et al.，2019）中介绍了另一个有趣的方法，即 `AutoPerf`，它能够利

---

[1] 改变函数顺序或者删除未被使用的函数会引起程序性能的变化，见 https://easyperf.net/blog/2018 /01/18/Code_alignment_issues。

[2] 例如，假设阈值设置为 2%，两个连续的 1.5% 的退化就会被遗漏，但两天后性能退化的结果就是 3%。

[3] https://github.com/evergreen-ci/evergreen。

用硬件性能计数器（PMC，见 3.9 节）来诊断修改后的程序是否发生了性能退化。首先，它根据原始程序运行时收集到的 PMC 剖析数据分析被修改函数的性能分布。然后，它收集修改后的程序运行时所采集的剖析数据，并与第一步的数据进行比对以检测性能异常。`AutoPerf` 表明，该设计可以有效地诊断出一些复杂软件的性能缺陷，比如那些隐藏在并行程序中的缺陷。

无论使用何种算法来检测性能退化问题，典型的 CI 系统都应当能够自动进行以下动作：

1. 配置待测试系统。
2. 运行程序。
3. 报告运行结果。
4. 判断性能是否发生变化。
5. 将结果可视化展示。

CI 系统应当能够同时支持自动基准测试和手动基准测试，产生可复现的结果，并对发现的性能退化问题生成工单。迅速检测性能退化问题非常重要。首先，当测试发生时，合入的代码修改比较少，这使得负责性能退化的分析人员能在切换到其他任务前仔细分析发现的问题。其次，对开发者来说，由于测试时代码细节还在他的大脑记忆中，相比几周后再来回忆细节，更容易找到退化点。

2.4 手动性能测试

软件工程师在软件开发期间就能利用现有的性能测试基础设施是很好的事情。在上一节，我们谈到在 CI 系统中支持提交性能评测任务的功能是一个很好的特性。如果支持该功能，那么开发者在向代码库提交补丁时就能从系统得到针对补丁的性能测试结果。但是该目标不一定能够达成，原因可能是硬件不可用，测试基础设施的设置过于复杂，需要采集更多的指标等。本节将提供一些本地性能评估的基本建议。

当进行代码性能优化时，需要用某些方法来证明性能确实更好了。此外，当我们正常提交变更代码时，我们需要确保性能没有退化。通常，我们通过如下三步完成：1）测量基线性能；2）测量修改后程序的性能；3）对两者进行比较。该场景的目标是比较同一功能程序不同版本之间的性能。例如，假设有一个用递归方式计算斐波那契数列的程序，我们决定用迭代的方式重新实现它，两者在功能上都是正确的并且能生成相同的数字，现在我们就需要比较两个程序的性能。

强烈建议不能只进行一次测试，而是多次运行基准测试，这样基线程序有 N 个测量值，改动过的程序也有 N 个测量值。我们需要比较两组测试结果以确定哪一个程序更快。这本身就是一项很难处理的工作，在很多情况下，我们会被测量数据误导而得出错误的结论。如果你向任何数据科学家征求意见，他们都会告诉你不能依赖单一指标（如最小值、均值、中位数等）。

以图 4 中两个不同版本的程序测量数据的分布为例，图中曲线表示特定版本的程序在特定时间内完成运行的概率。例如，有约 32% 的概率 A 版本程序会在 102 s 内运行结束，这会让人觉得版本 A 比版本 B 快，然而，这个论断正确的概率为 P。这是因为还有一些测量数据表明，版本 B 比版本 A 快，即使在所有的测量数据显示版本 B 比版本 A 慢的情况下，概率 P 也不等于 100%。因为我们总是可以为版本 B 找到新的样本，某些新样本可能表明版本 B 比版本 A 的速度还要快。

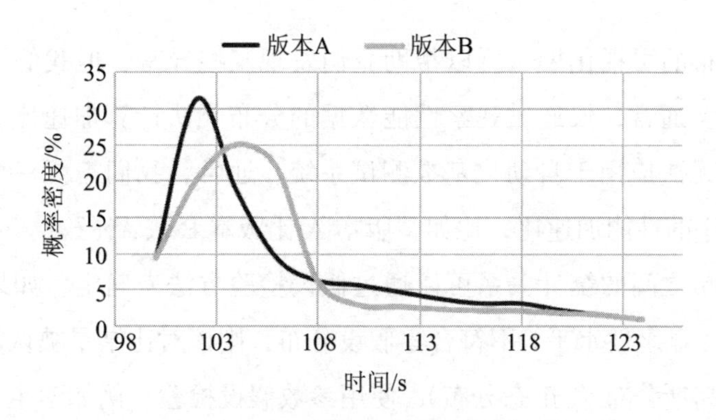

图 4　两组测试数据的统计分布

使用统计分布图的一个优势是可以发现基准测试中的不良行为[㊀]。如果数据分布是双峰的，基准测试会表现出两类不同的行为，引起双峰分布的常见原因是代码有快、慢两条执行路径，例如访问缓存（命中和未命中）、获取锁（竞争锁和非竞争锁）等。“解决”这些问题的方法是隔离不同的功能模块并分别做基准测试。

数据科学家通常使用数据分布图形来展示数据，并且避免计算加速比，这种方法

㊀ 另外一种检查方法是正态测试。

可以避免有倾向性的结论，还可以让读者自己对数据做出解读。箱形图（见图 5）是一种比较流行的数据展示方法，它可以在同一张图上比较多个分布。

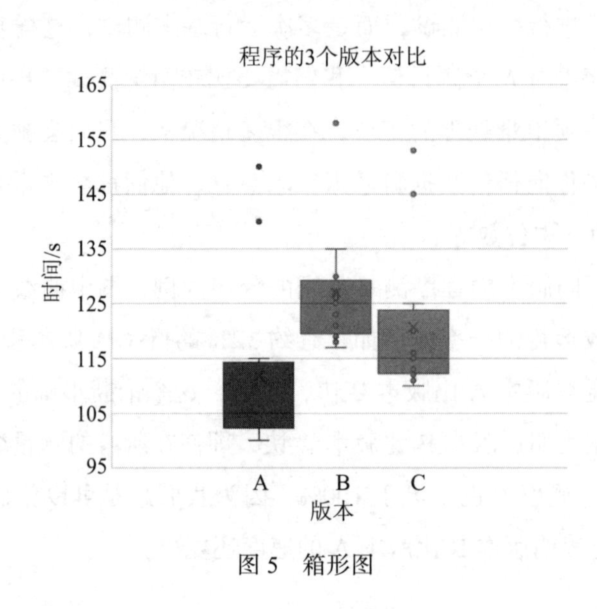

图 5 箱形图

性能数据分布的可视化展示可以帮助我们发现某些异常，但我们不应该用它来进行加速比的计算。通常，仅通过观察性能数据的分布无法计算加速比。此外，如前所述，可视化展示无法应用于自动化基准测试系统。通常，我们需要一个标量值，用以代表 2 个版本程序的性能加速比，比如“版本 A 比版本 B 快 *X*%”。

两个数据分布之间的统计关系可以通过假设检验方法来确定，如果两组数据的关系根据阈值概率（显著性水平）不符合零假设分布，则该对比结果被认为具有统计显著性。如果分布是高斯分布[㊀]（正态分布），使用参数假设检验（例如学生 T 检验）来比较分布即可满足要求。如果需要比较的分布不是高斯分布（如严重偏斜的分布或多峰分布），那么可以使用非参数检验（如 Mann-Whitney、Kruskal Wallis 等）。假设检验非常适合用来确定性能加速（或减速）的表现是否具有随机性[㊁]。Dror G. Feitelson 所著的 *Workload Modeling for Computer Systems Performance Evaluation* 是一本不错的性能工程统计参考书[㊂]，书中对模态分布、偏度等主题进行了更详细的阐述。

㊀ 值得指出的是性能数据的分布很少是高斯分布，使用书本里以高斯分布作为前提的公式需要谨慎。

㊁ 应当在自动测试框架中应用，以验证提交的代码没有引入性能退化因素。

㊂ 见 https://www.cs.huji.ac.il/~feit/wlmod/。

一旦通过假设检验方法确定两组数据存在统计上显著的差异，就可以使用算数平均或几何平均的方法来计算加速比，但是有些事项需注意。对于小样本采样，均值和几何均值会受异常值影响。除非数据分布具有小方差，否则不应当只考虑使用均值。如果测量值的方差与均值大小在同一个数量级，那么均值就不是具有代表性的指标。图6显示了两个版本程序的例子。只看均值（见图6a），我们倾向于说版本A比版本B快20%。然而，如果考虑测量值的方差（见图6b），我们可以看到并不总是这样。如果我们取版本A最差的值和版本B最好的值，版本B会比版本A快20%。对于正态分布的数据来说，均值、标准差、标准误差的组合可用于评估两个版本之间的加速比。对于偏斜、多峰的采样数据，必须用更适合基准测试的百分位数，例如最小值、中位数、第90百分位数、第95百分位数、第99百分位数、最大值或这些值的组合等。

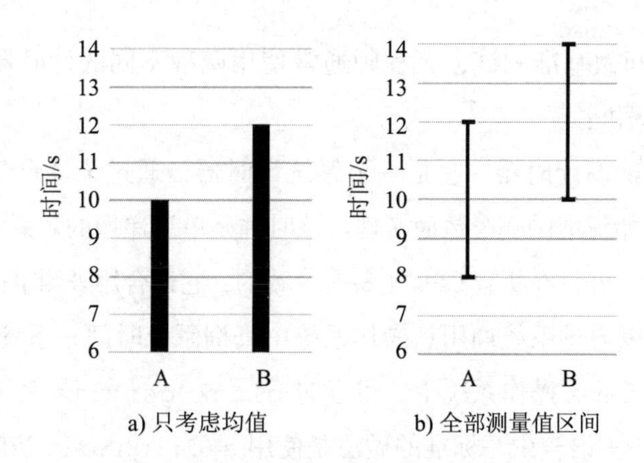

图6 反映均值如何带来误导的两个直方图

为了准确地计算加速比，最重要的工作之一就是收集大量的样本数据，也就是大量地运行基准测试。这听上去很容易，但有时并不可行，比如某些SPEC基准测试[⊖]在现代机器上运行超过10 min，这意味着仅获得3组样本就需要1 h：每个版本的程序都需要30 min。假设测试套件中不止一个基准测试，而是有数百个。即使把测试工作分布到多台机器，收集足够多统计数据的成本也会变得非常高昂。

需要收集多少样本数据才满足统计分布需要呢？这取决于对比测试的精确度要求。分布数据中样本的方差越小，需要的样本越少。标准差是分布数据中测量值一致性的

⊖ SPEC CPU 2017基准测试（http://spec.org/cpu2017/Docs/overview.html#benchmarks）。

指标。我们可以实施自适应策略，基于标准差来动态地限制运行基准测试的次数，即收集样本直到标准差到达特定的范围[一]。一旦标准差低于某个阈值，就可以停止采集测量值。关于该策略的更多细节，请见文献（Akinshin，2019）的第 4 章。

另一个需要特别小心的是异常值的存在。虽然可以根据置信区间将某些样本（例如冷运行结果）作为异常值丢弃，但不能任意地丢弃测量值集合中的不良样本。对某些类型的基准测试而言，异常值可能是重要的指标。例如，当对具有实时性要求的软件进行基准测试时，第 99 百分位数也非常值得关注。Gil Tene 在 YouTube 上发表了一系列关于测量时延数据的讲座，很好地介绍了该主题。

2.5 软件计时器和硬件计时器

为了对执行时间做基准测试，工程师通常使用两种不同的计时器，这些计时器在所有现代平台上都提供：

- **系统级高分辨率计时器** 它是一个系统计时器，通过统计自某任意时间（称为纪元[二]）起开始流逝的嘀嗒数而实现。该时钟是单调递增的。系统计时器的分辨率是纳秒级的[三]，并且在所有 CPU 上都是一致的，它适合用来测量持续时间超过 1 μs 的事件。可以通过系统调用从操作系统中查询系统时间，系统计时器与 CPU 频率无关。在 Linux 操作系统下，可通过 `clock_gettime` 系统调用访问系统计时器[四]。在 C++ 语言中，标准的做法是使用 `std::chrono` 访问系统计时器，如代码清单 1 所示。
- **时间戳计时器**（Time Stamp Counter，TSC） 这是一个通过硬件寄存器实现的硬件计时器。TSC 也是单调递增的，并且以固定速率增长，也就是说它与频率无关。每个 CPU 都有自己的 TSC，用来记录流逝的参考周期数（见 4.6 节），它适合用来测量持续时间从纳秒到 1 min 之间的事件。TSC 的值可以使用编译器的内置函数 `__rdtsc` 查询，如代码清单 2 所示。而 `__rdtsc` 在底层实际调

[一] 这个方法要求测试次数大于 1，否则，算法运行一次就会因为第一个样本的标准差等于 0 而停止。

[二] UNIX 系统中纪元（epoch）起始时间是 1970/01/01 00:00:00 UT。

[三] 即使系统计时器能够返回纳秒级准确度的时间戳，它也不适合用来测量短时事件，因为通过 `clock_gettime` 系统调用来获得时间戳需要的时间过长。

[四] 在 Linux 中，每个线程 CPU 时间的查询通过调用 `pthread_getcpuclockid` 完成。

用了汇编指令 RDTSC。文献（Paoloni，2010）中给出了使用 RDTSC 汇编指令对代码进行基准测试的更多底层详细描述。

代码清单 1　使用 C++ std::chrono 访问系统计时器

```
#include <cstdint>
#include <chrono>

// returns elapsed time in nanoseconds
uint64_t timeWithChrono() {
  using namespace std::chrono;
  uint64_t start = duration_cast<nanoseconds>
      (steady_clock::now().time_since_epoch()).count();
  // run something
  uint64_t end = duration_cast<nanoseconds>
      (steady_clock::now().time_since_epoch()).count();
  uint64_t delta = end - start;
  return delta;
}
```

代码清单 2　使用编译器内置函数 __rdtsc 访问 TSC

```
#include <x86intrin.h>
#include <cstdint>

// returns the number of elapsed reference clocks
uint64_t timeWithTSC() {
    uint64_t start = __rdtsc();
    // run something
    return __rdtsc() - start;
}
```

计时器的选择非常简单，即根据需要测量的时间长短来选择即可。如果需要测量的时间很短暂，则 TSC 可以提供更好的准确度。相反，如果需要测量的时间长达数小时，用 TSC 来测量的话毫无意义。除非真的需要时钟周期的精度，否则大部分情况下选择系统计时器通常就足够了。请务必牢记，访问系统计时器通常比访问 TSC 的时延长，执行系统调用 clock_gettime 所需时间很容易达到执行指令 RDTSC 所需时间的 10 倍，后者需要 20 多个 CPU 时钟周期。这让最小化测量开销变得很重要，尤其在生产环境下。CppPerformanceBenchmarks 的 gitlab 页面[⊖]介绍了在不同平台下使用不同 API 调用计时器的性能比较。

⊖ https://gitlab.com/chriscox/CppPerformanceBenchmarks。

2.6 微基准测试

为了验证某些假设，可以编写一个独立的微基准测试程序。通常，微基准测试程序是在优化某些特定功能时跟踪优化进展的手段。几乎所有现代编程语言都有基准测试框架，比如对 C++ 来说可以使用 Google benchmark 库，对 C# 来说有 BenchmarkDotNet 库，对 Julia 来说有 BenchmarkTools[一] 程序包，对 Java 来说有 JMH（Java Microbenchmark Harness）等。

写微基准测试程序时，重要的是确保你想测试的场景在微基准测试程序运行时执行。优化编译器可能会消除使实验变得无用（甚至使你得出错误结论）的代码。对于下面的代码片段，现代编译器很可能会消除整个循环：

```
// foo DOES NOT benchmark string creation
void foo() {
  for (int i = 0; i < 1000; i++)
    std::string s("hi");
}
```

检验这件事的简单方法是审视一下基准测试的性能剖析文件，看看关注的代码是否凸显为热点。有时能立刻发现异常的时间开销，所以在分析和比较基准测试时要充分利用常识。防止编译器优化重要代码的一种常用手段是，使用类似 `DoNotOptimize` 的辅助函数[二]，这些辅助函数可以在幕后完成必要的内联汇编优化：

```
// foo benchmarks string creation
void foo() {
  for (int i = 0; i < 1000; i++) {
    std::string s("hi");
    DoNotOptimize(s);
  }
}
```

如果实现得好的话，微基准测试可以成为优良的性能数据来源，可用于比较关键功能不同实现方式的性能。定义一个基准测试优劣的依据是，它能否在真实条件下测试将来要使用的功能的性能。如果基准测试使用的合成输入与实际使用的输入不同，那么基准测试可能会误导你，让你得出错误的结论。此外，当基准测试在没有其他重

㊀ https://github.com/JuliaCI/BenchmarkTools.jl 。

㊁ 对于 JMH，对应的函数是 `Blackhole.consume()`。

资源需求进程的系统中运行时，它拥有所有资源，包括 DRAM 和缓存空间。这样的基准测试表现出的可能是该函数的更快版本，但是会比其他版本消耗更多的内存。如果有其他消耗大量 DRAM 的相邻进程，会导致属于基准测试的内存被交换到磁盘上，最终导致测试结果与之前的正好相反。

基于同样的原因，在根据单元测试的结果总结结论时要小心。虽然现代单元测试框架[㊀]提供了每个测试的持续时间，但这并不能替代使用真实输入在实际条件下测试该功能的精心开发的基准测试［更多信息请见文献（Fog，2004）的 16.2 节］。虽然并不总能复现与现实情况完全相同的输入和环境，但是要开发好的基准测试程序就必须考虑到这一点。

2.7 本章总结

- 由于测量的不稳定性，调试性能通常比调试功能更为困难。
- 如果不设定目标，优化工作将永无止境。要确定是否达到了预期目标，需要为如何衡量该目标设定有意义的定义和指标。根据关心的内容，它可能是吞吐量、延迟、每秒操作数（屋顶线性能）等。
- 现代系统性能往往具有不确定性，消除系统中的不确定性有助于进行定义明确、稳定的性能测试，例如微基准测试。在生产部署中衡量性能时，为了处理环境噪声的问题，需要使用统计方法分析结果。
- 越来越多的大型分布式软件供应商选择直接在生产系统上剖析和监控性能，这要求只能使用轻量级的剖析技术。
- 采用自动化性能跟踪系统有助于防止性能退化问题渗透到生产软件系统中，此类 CI 系统应能够运行自动化性能测试，可视化结果并标记潜在的缺陷。
- 对性能分布做可视化展示有助于发现性能异常，这也是向更广泛的受众展示性能结果的稳妥办法。
- 性能数据分布之间的统计关系可以通过假设检验（例如学生 T 检验）方法来识别和发现。一旦确定性能差异在统计上是显著的，那么性能加速比可以通过算

㊀ 例如 GoogleTest（https://github.com/google/googletest）。

术平均或几何平均来计算。

- 丢弃冷启动运行数据以确保性能测试数据都来自热运行是可以的，但是，不应该故意丢弃不需要的数据。如果决定丢弃一些样本数据，那么应对所有分布数据做一致处理。
- 为了对执行时间做基准测试，工程师可以使用所有现代平台都提供的两种不同的计时器。系统级高分辨率计时器适合测量持续时间超过 1 μs 的事件，若需要高精度测量短事件，则可以使用时间戳计时器。
- 微基准测试适合迅速证明一些事情，但是你应该始终在实际条件下用真实应用程序验证你的想法，通过分析性能剖析文件确保是在对有意义的代码进行基准测试。

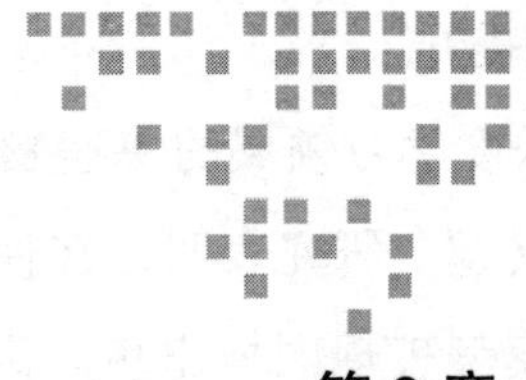

第 3 章 Chapter 3

CPU 微架构

本章简要介绍影响性能的关键 CPU 架构和微架构特性，其目标并非覆盖 CPU 架构细节和设计时的利弊权衡，这些在文献（Hennessy & Patterson, 2011）中有全面的介绍。这里将快速回顾对软件性能有直接影响的 CPU 硬件特性。

3.1 指令集架构

指令集是软件用来与硬件通信的词汇集合，指令集架构（Instruction Set Architecture，ISA）定义了软件和硬件之间的通信协议。Intel x86、ARM v8、RISC-V 是当今广泛使用指令集架构的实例，它们都是 64 位架构，即所有地址计算都使用 64 位。ISA 开发者通常要确保符合规范的软件或固件能在使用该规范构建的任何处理器上执行。广泛部署的 ISA 特许经营组织通常还要保证向后兼容性以便为第 X 代版本处理器编写的代码能够继续在第 $X+i$ 代上运行。

大多数现代架构可以归类为基于通用寄存器的加载和存储型架构，在这种架构下，操作数被明确指定，只能使用加载和存储指令访问内存。除提供最基本的功能（例如加载、存储、控制、使用整数及浮点数的标量算术操作）之外，广泛部署的架构还在继续增强其 ISA 以支持新的计算范式，包括增强的向量处理指令（例如 Intel AVX2、AVX512、ARM SVE）和矩阵 / 张量指令（Intel AMX）。使用这些高级指令的软件往往在性能上有几个数量级的提升。

随着深度学习领域的快速发展，业界对其他数字格式变量驱动的显著性能提升重新产生了兴趣。研究表明，在使用更少的位来表示变量、节省算力和内存带宽方面，深度学习模型表现同样出色。因此，除了用于算术运算的传统 32 位和 64 位格式外，一些 CPU 特许经营组织最近还往 ISA 中添加了对诸如 8 位整数（int8，如 Intel VNNI）、16 位浮点数（fp16、bf16）之类低精度数据类型的支持。

3.2 流水线

流水线是加快 CPU 速度的基础性技术，其中多条指令在执行过程中可以重叠。CPU 中流水线的灵感源自汽车装配线。指令的处理分为几个阶段，这些阶段并行运行，处理不同指令的不同部分。DLX 是由文献（Hennessy & Patterson，2011）定义的简单五阶段流水线，它由以下部分构成：

1. 取指（Instruction Fetch，IF）。
2. 译码（Instruction Decode，ID）。
3. 执行（EXE）。
4. 访存（MEM）。
5. 回写（Write Back，WB）。

图 7 展示了这个五阶段流水线 CPU 的理想流水线视图。在第一个时钟周期，指令 x 进入流水线的取指（IF）阶段。在第二个时钟周期，指令 x 进入译码（ID）阶段，同时程序的下一条指令进入取指（IF）阶段，依此类推。当整个流水线满载时，如图 7 中第 5 个时钟周期所示，CPU 的所有流水线阶段都忙于处理不同的指令。如果没有流水线的话，指令 $x+1$ 就需要等到指令 x 执行完毕才能开始执行。

很多现代 CPU 都是深度流水线化的，也被称为超级流水线。流水线 CPU 的吞吐量定义为单位时间内完成和退出流水线的指令数。任何给定指令的延迟是指经过流水线所有阶段的总时间。由于流水线的所有阶段都链接在一起，因此每个阶段都必须准备好同步移动到下一指令。将指令从一个阶段移动到另一个阶段所需的时间定义为 CPU 的基本机器周期或时钟。流水线运行的时钟周期数通常由流水线最慢的阶段决定。CPU 硬件设计人员努力平衡一个阶段可以完成的工作量，因为这直接决定了 CPU 的运行频率。增加频率可以提高性能，并且通常需要协调和重整流水线以消除由最慢流水线阶段引入的瓶颈。

在非常均衡且不会有任何停顿的理想流水线中，流水线机器中每条指令的执行时间由下式给出：

$$\text{流水线机器中每条指令的执行时间} = \frac{\text{非流水线机器中每条指令的执行时间}}{\text{流水线阶段数}}$$

在实际实现中，流水线会引入几个约束，这些约束限制了上述理想模型。流水线冒险（Pipeline Hazards）会妨碍理想的流水线行为，从而导致停顿。这三种冒险分别是结构冒险、数据冒险和控制冒险。幸运的是，程序员不需要应对流水线冒险，在现代CPU中所有类别的冒险都是由硬件处理的。

- **结构冒险**由资源冲突而导致。在很大程度上，可以通过复制硬件资源（如使用多端口寄存器或存储器）来消除。然而，要消除所有这些冒险，在硅面积和功耗方面成本可能会变得非常高昂。
- **数据冒险**由程序中数据的依赖关系导致，可以分为三类：
  - 写后读（Read-After-Write，RAW）冒险要求相关的读取操作在写入操作后执行。当指令 $x+1$ 在上一条指令 x 写入某个位置之前读取同一位置时，就会发生这种冒险，从而导致读取错误的值。CPU通过实现从流水线后期阶段到早期阶段的数据转发（称为“旁路”）来减轻与RAW冒险相关的损失。这个想法是，在指令 x 完全完成之前，指令 x 的结果可以转发到指令 $x+1$。我们看一下这个例子：

    ```
    R1=R0 ADD 1
    R2=R1 ADD 2
    ```

    寄存器R1存在RAW依赖。如果我们在加法“R0 ADD 1”完成后直接获取值（从EXE流水线阶段），则无须等到WB阶段将该值写入寄存器文件后再获取。“旁路”有助于节约几个时钟周期，流水线越长，“旁路”就越有效。
  - 读后写（Write-After-Read，WAR）冒险要求相关写入操作在读取操作后执行。当指令 $x+1$ 在上一条指令 x 读取某个位置之前写入相同的位置时，就会发生这种冒险，从而导致读取错误的新值。WAR冒险不是真正的依赖关系，可以通过寄存器重命名技术来消除。

它是一种从物理寄存器中抽象逻辑寄存器的技术。CPU通过保留大量物理寄存器来支持寄存器重命名功能。由ISA定义的逻辑寄存器只是一组宽泛的寄存器文件的别名。通过对架构状态的解耦，解决WAR冒险问题很简单，只需要在写入操作时使用不同的物理寄存器即可。例如：

```
R1=R0 ADD 1
R0=R2 ADD 2
```

寄存器R0存在WAR依赖。由于有一个大型物理寄存器池，因此我们可以简单地重命名所有从写入操作开始出现的R0寄存器。一旦通过重命名寄存器R0消除了WAR冒险，我们就可以以任何顺序安全地执行这两个操作。

- 写后写（Write-After-Write，WAW）冒险要求相关写入操作在写入操作后执行。当指令x+1在指令x写入某个位置之前写入相同位置时，就会发生这种冒险，从而导致顺序错误的写入操作。寄存器重命名技术也可以消除WAW冒险，允许两个写入操作以任何顺序执行，同时保证最终结果正确。

- **控制冒险**由程序执行流程的变化而导致。它们产生于流水线分支指令和其他更改程序流程的指令。决定分支方向的分支条件在流水线的执行（EXE）阶段才能见分晓。因此，除非消除控制冒险，否则下一条指令的获取不能被流水线化。下一节介绍的动态分支预测和投机执行等技术可用于克服控制冒险。

3.3 利用指令级并行

因为程序中的大多数指令是独立的，所以都适合流水线化和并行执行。现代CPU实现了大量的附加硬件功能来利用这种指令级并行（Instruction Level Parallelism，ILP）。通过与高级编译器技术的协同工作，这些硬件功能可以显著提升性能。

3.3.1 乱序执行

图7中的流水线示例展示了所有指令按顺序在流水线的不同阶段中移动的情况，

即按照它们在程序中出现的顺序在流水线中移动。大多数现代 CPU 都支持乱序（Out-Of-Order，OOO）执行，即顺序指令可以以任意顺序进入流水线的执行阶段，只受指令之间依赖关系的限制。支持乱序执行的 CPU 仍必须给出相同的结果，就好像所有指令都是按程序顺序执行一样。指令在最终执行时称为退休，其结果在架构状态中是正确和可见的。为了确保正确性，CPU 必须按程序顺序让所有指令退休。乱序执行主要用于避免因依赖引起的停顿而导致 CPU 资源利用率不足的问题，尤其是在下一节描述的超标量引擎中。

指令	时钟周期								
	1	2	3	4	5	6	7	8	9
指令 x	IF	ID	EXE	MEM	WB				
指令 x+1		IF	ID	EXE	MEM	WB			
指令 x+2			IF	ID	EXE	MEM	WB		
指令 x+3				IF	ID	EXE	MEM	WB	
指令 x+4					IF	ID	EXE	MEM	WB

图 7　简单五阶段流水线示意图

这些指令的动态调度是通过复杂的硬件结构（如记分板）和诸如寄存器重命名之类的技术实现的，以减少数据冒险。记分板硬件用于安排指令按顺序退休并更新所有的机器状态。它跟踪每条指令的数据依赖关系以及可用数据在流水线中的位置，大多数实现都在努力平衡硬件成本与潜在收益。通常，记分板的大小决定了硬件在调度此类独立指令时可以提前多长时间进行。

图 8 用一个例子详细说明了乱序执行的基本概念。假设由于某些冲突，指令 x+1 无法在时钟周期 4 和 5 中执行。按序执行的 CPU 将暂停所有后续指令进入 EXE 流水线阶段。而在支持乱序执行的 CPU 中，没有任何冲突的后续指令（例如，指令 x+2）可以进入流水线并完成其执行。所有的指令仍按顺序退休，即指令按程序顺序完成 WB 阶段。

3.3.2　超标量引擎和超长指令字

大多数现代 CPU 都是超标量的，也就是说，它们可以在一个时钟周期内发射多条指令。发射宽度是在同一个时钟周期内可以发射的最大指令数。目前 CPU 的典型发射宽度为 2 ～ 6。为了保证恰当的平衡，这种超标量引擎还支持多个执行单元和流水线执行单元。CPU 还将超标量功能与深度流水线和乱序执行功能相结合，以获取软件给定片段的最大 ILP。

指令	时钟周期									
	1	2	3	4	5	6	7	8	9	10
指令x	IF	ID	EXE	MEM	WB					
指令x+1		IF	ID			EXE	MEM	WB		
指令x+2			IF	ID	EXE	MEM			WB	
指令x+3				IF	ID		EXE	MEM		WB

图 8 乱序执行的概念

图 9 展示了简单双发射（发射宽度为 2）超标量 CPU，即在每个时钟周期中，流水线的每个阶段可以处理两条指令。超标量 CPU 通常支持多个独立的执行单元，以保证流水线中的指令不发生冲突。与图 7 中所示的简单流水线处理器相比，有多个重复执行单元可以增加机器的吞吐量。

指令	时钟周期					
	1	2	3	4	5	6
指令x	IF	ID	EXE	MEM	WB	
指令x+1	IF	ID	EXE	MEM	WB	
指令x+2		IF	ID	EXE	MEM	WB
指令x+3		IF	ID	EXE	MEM	WB

图 9 简单双发射超标量 CPU 流水线示意图

Intel Itanium 等架构使用一种称为超长指令字（Very Long Instruction Word，VLIW）的技术，将调度超标量和多执行单元处理器的负担从硬件转移到编译器。它的基本原理是要求编译器选择正确的指令组合使得机器被充分利用，从而简化硬件。编译器可以使用软件流水线、循环展开等技术来发掘更多的 ILP 机会，因为硬件受制于指令窗口长度的限制，而编译器可以获得全局信息。

3.3.3 投机执行

如 3.2 节所述，如果指令在分支条件得到确定之前停顿，控制冒险可能会导致流水线中显著的性能损失。硬件分支预测逻辑是一种避免这种性能损失的技术，用于预测分支的可能方向并从预测路径执行指令（投机执行）。

让我们考虑代码清单 3 中的一个简短代码示例。为了让处理器了解下一步应该执行哪个函数，它需要知道条件 a<b 是真还是假。在不知道这一点的情况下，CPU 会一直等待，直到分支指令的结果确定下来，如图 10a 所示。

代码清单 3 投机执行

```
if (a < b)
  foo();
else
  bar();
```

指令	时钟周期							
	1	2	3	4	5	6	7	8
分支(a<b)	IF	ID	EXE	MEM	WB			
调用foo函数				IF	ID	EXE	MEM	WB
//foo函数中的指令					IF	ID	EXE	MEM

a) 非投机执行

指令	时钟周期						
	1	2	3	4	5	6	7
分支(a<b)	IF	ID	EXE	MEM	WB		
调用foo函数		IF*	ID*	EXE	MEM	WB	
//foo函数中的指令			IF*	ID	EXE	MEM	WB

b) 投机执行

图 10 投机执行的概念（投机工作用 * 标记）

通过投机执行，CPU 会对分支判断的结果进行猜测，并从所选路径开始处理指令。假设处理器预测条件 a<b 返回结果为真，那么它不等待分支结果，而是继续进行，投机地调用 foo 函数（见图 10b，投机工作用 * 标记）。在条件结果得以明确之前，无法

提交对机器状态的修改，以确保机器的架构状态永远不受投机执行指令的影响。在上面的示例中，分支指令比较两个标量值，这个过程很快。但实际上，分支指令可能依赖从内存加载的值，这可能需要耗费数百个时钟周期。如果对条件返回结果预测准确，则可以节省很多时钟周期。但是，有时可能预测不准确，此时应该调用函数 `bar`。在这种情况下，投机执行的结果必须被制止和丢弃。这被称为分支预测错误惩罚，我们将在 4.8 节讨论。

为了跟踪投机执行的进度，CPU 支持一种称为顺序重排缓冲区（ReOrder Buffer，ROB）的结构。ROB 维护所有指令执行状态，并按顺序让指令退休。只有在其顺序与程序流一致且投机正确时，被投机执行的结果才会被写入 ROB 并提交到架构寄存器。CPU 还可以将投机执行与乱序执行结合起来，并使用 ROB 同时跟踪投机执行和乱序执行。

3.4 利用线程级并行

前面描述的技术依赖程序中可用的并行性来加快执行速度。此外，CPU 还支持利用在 CPU 上执行的进程或线程之间的并行性的技术。硬件多线程 CPU 支持专用硬件资源以独立地跟踪 CPU 中每个线程的状态（也被称为上下文），而不是只跟踪单个线程或进程的状态。这种多线程 CPU 的主要目的是在线程由于长时延活动（如内存引用）而被阻塞时，以最小的延迟从一个上下文切换到另一个上下文（不会产生保存和恢复线程上下文的成本）。

同步多线程

现代 CPU 通过支持同步多线程（Simultaneous Multi-Threading，SMT）将指令级并行技术和多线程技术相结合，以最大限度地利用可用硬件资源。来自多个线程的指令在同一个时钟周期内同时执行。从多个线程同时调度指令会增加利用可用超标量资源的概率，从而提高 CPU 的整体性能。为了支持 SMT，CPU 必须复制硬件来存储线程状态（程序计数器、寄存器等），跟踪乱序执行和投机执行的资源可以在线程间复制或分段共享。通常情况下，高速缓存资源会在硬件线程之间动态共享。

3.5　存储器层次

为了有效地利用 CPU 中预置的所有硬件资源，需要在正确的时间向机器提供正确的数据。理解存储器层次对于提高 CPU 性能至关重要。大多数程序都有局部性的特点，它们不能无差别地访问所有代码或数据。CPU 存储器层次划分基于两个基本特性：

- **时间局部性**　特定位置的内存被访问后，很可能在不久的将来相同的位置会被再次访问。理想情况下，我们希望在下次需要这些信息时它们已经被放在高速缓存中。
- **空间局部性**　特定位置的内存被访问后，很可能在不久的将来其周边的位置也需要被访问。这是因为相关数据彼此靠近放置。当程序从内存中读取一个字节时，通常会读取一大块内存（缓存行），因为很可能程序很快就会需要使用这些数据。

本节主要概述现代 CPU 支持的存储器层次系统及其关键属性。

3.5.1　高速缓存层次

高速缓存是 CPU 流水线发起任何请求（请求代码或数据）的存储器层次中的第一层级。理想情况下，流水线在具有最小访问延迟和无限缓存时表现最佳。实际上，高速缓存访问时间随其容量的增加而增加。因此，高速缓存被组织为最接近执行单元的小型快速存储块的层次结构，且由更大、更慢的块进行备份。高速缓存层次的特定层级可以专门用于代码（指令缓存，i-cache）或数据（数据缓存，d-cache），也可以在代码和数据之间共享（统一缓存）。此外，高速缓存层次的某些层级可以由特定的 CPU 专用，而另外一些层级的缓存则可以在 CPU 之间共享。

高速缓存由多个确定大小的块（**缓存行**）组成。现代 CPU 中典型的缓存行大小是 64 字节。最接近执行流水线的高速缓存大小通常在 8 KiB 到 32 KiB 之间。在现代 CPU 中，层次结构中更远的高速缓存可以在 64 KiB 到 16 MiB。任何层级的高速缓存的架构都由以下四个属性定义。

3.5.1.1　高速缓存中数据的放置

内存访问请求中的地址可以用来访问高速缓存。在直接映射高速缓存中，给定缓存块的地址只能出现在高速缓存中的一个位置，并且由如下映射函数定义：

$$缓存中块数 = \frac{缓存大小}{缓存块大小}$$

$$直接映射的位置 = (缓存块地址)\ \mathrm{mod}\ (缓存中块数)$$

在全关联高速缓存中，给定的缓存块可以放置在高速缓存中的任何位置。

介于直接映射和全关联映射之间的是组关联映射。在组关联映射高速缓存中，缓存块被组织成组，通常每组包含 2、4 或 8 个缓存块。给定的地址首先映射到一个组，在组内，该地址可以放在该组中的块之间的任何位置。每组有 *m* 个缓存块的高速缓存称为 *m* 路组关联高速缓存。组关联高速缓存的计算公式是：

$$缓存中组数 = \frac{缓存中块数}{每组中块数(关联性)}$$

$$(m\ 路)组关联缓存位置 = (缓存块地址)\ \mathrm{mod}\ (缓存中组数)$$

3.5.1.2 在高速缓存中查找数据

m 路组关联高速缓存中的每个缓存块都有一个与其关联的地址标签。此外，该标签还包含诸如标记数据有效与否的有效位之类的状态位。标签还可以包含其他位，以指示访问信息、共享信息等，这些内容将在后面的章节中描述。

图 11 展示了如何使用流水线生成的地址来查找高速缓存。最低顺序地址位定义了给定块内的偏移量，即块偏移量位（32 字节缓存行需 5 位，64 字节缓存行需 6 位）。组则是基于上述公式使用索引位来选择，一旦组被选定，就可以使用标签位与该组中的所有标签进行比较。如果其中一个标签与传入请求的标签匹配并且设置了有效位，则缓存命中。与该块条目相关联的数据（从高速缓存数据组中读取与标签查找同时进行）被提供给执行流水线。如果标签不匹配，则缓存未命中。

<table>
<tr><td colspan="2">块地址</td><td rowspan="2">块偏移量</td></tr>
<tr><td>标签</td><td>索引</td></tr>
</table>

图 11　高速缓存查找的地址组织

3.5.1.3 管理缓存未命中

当发生高速缓存未命中时，控制器必须在缓存中选择要替换的块，以分配给导致缓存未命中的地址。对于直接映射高速缓存，由于新地址只能分配在一个位置，因此之前映射在该地址的缓存条目将被释放，并在该位置加载新的条目。在组关联高速缓存中，由于新的缓存块可以放置在缓存组的任何位置块中，因此需要引入一个替换算法。典型的替换算法是最近最少使用（Least Recently Used，LRU）策略，即最近访问次数最少的缓存块被释放，为未命中地址腾出缓存空间。另一种可选算法则随机地选择一个缓存块作为牺牲对象。大多数 CPU 在硬件层定义这些功能，这样更容易执行软件。

3.5.1.4 管理写操作

对高速缓存的读访问是最常见的情况，因为程序通常读取指令，并且数据读取多于数据写入。在缓存中处理写操作更困难，CPU 会使用不同的技术来处理这种复杂情况。软件开发人员应该特别注意硬件支持的缓存写操作的流程，以确保代码性能最佳。

CPU 的设计使用两种基本机制来处理高速缓存中的缓存命中写入操作：

- 在写直达（Write-Through）高速缓存中，命中的数据同时写入缓存块和层次结构中较低的层级。
- 在回写（Write-Back）高速缓存中，命中的数据只写入缓存。因此，层次结构较低层级中就会包含过期数据。修改后的缓存行的状态通过标签中“脏”标识位来追踪。当修改后的缓存行最终被从缓存中驱逐时，回写操作会强制将缓存行数据写回层次结构的较低层级中。

写入操作时的高速缓存未命中可以通过两种方式处理：

- 在写入未命中时写分配（Write-Allocate）或读取（Fetch）高速缓存中，未命中位置的数据从层次结构中较低层级加载到高速缓存，随后像写入命中情况一样处理剩余写入操作。
- 假如高速缓存使用非写分配（no-write-allocate）策略，写入未命中的事务直接被发送到层次结构中所有的较低层级，并且缓存块不会被加载到高速缓存中。

在这些选项中，大多数设计通常选择用写分配策略实现回写高速缓存，因为这些技术都试图将后续写入事务转换成缓存命中情形，而不会将额外的流量发送到层次结构中较低的层级。写直达高速缓存通常会使用非写分配策略。

3.5.1.5 其他高速缓存优化技术

对于程序员来说，理解高速缓存层次结构的行为对于挖掘应用程序的性能至关重要，尤其是在 CPU 时钟频率不断提高而内存技术速度落后时。从流水线的角度来看，任何访问请求的延迟都可以由以下公式计算出来，该公式可以递归地应用于高速缓存层次的所有层级，直至主存：

平均访问时延 = 命中花费的时间 + 未命中比例 × 未命中花费的时间

硬件设计师通过许多新颖的微架构技术来解决减少命中时间和未命中负面影响的挑战。从根本上讲，高速缓存未命中会使流水线停顿，进而影响性能。对高速缓存而言，未命中比例高度依赖缓存的架构（如块大小、关联性）以及运行在机器上的软件。因此，优化未命中比例变成了一项硬件和软件协同设计的工作。如前所述，CPU 为高速缓存提供了最佳的硬件组织结构。接下来将描述在硬件和软件中可以最大限度降低缓存未命中比例的其他技术。

硬件和软件预取技术

减少缓存未命中以及后续停顿的方法之一，就是先于流水线需要将指令和数据预取到高速缓存层次的不同层级。这里假设，如果在流水线中提前发出预取请求，则处理缓存未命中的时间几乎可以忽略。绝大多数 CPU 都支持基于硬件的隐式预取，并辅以程序员可以控制的显式软件预取。

硬件预取器观察正在运行的应用程序的行为，并基于重复的高速缓存未命中规律启动预取。硬件预取技术可以自动适应应用程序动态行为，例如适应不同的数据集，并且不需要优化编译器或者剖析功能的支持。另外，硬件预取不会有额外的地址生成和指令预取开销。但是，硬件预取技术仅限于学习和预取硬件中实现的一组高速缓存未命中模式。

软件内存预取是对硬件预取的补充，开发者可以通过特定的硬件指令提前指定需要的内存位置（见 8.1.2 节）。编译器还可以自动将预取指令添加到代码中，以便在数据使用之前请求数据。预取技术需要平衡实际需求和预取请求，以避免预取流量挤压实际需求流量。

3.5.2 主存

主存是存储器层次中的下一层级，位于高速缓存的下游。主存使用支持大容量且成本合适的DRAM（动态RAM）技术。描述主存的三个主要属性是延迟、带宽和容量。延迟通常包含两部分，即内存访问时间和内存周期时间。内存访问时间指请求到数据可用时所消耗的时间，内存周期时间指两个连续的内存访问之间所需的最短时间。

大多数CPU都支持的主流DRAM技术是DDR（Double Data Rate，双倍数据速率）DRAM技术。历史上，DRAM带宽每一代都得到了提升，而延迟保持不变，甚至更高。表2展示了最新三代DDR技术的最高数据速率和对应的延迟，数据速率以每秒百万传输次数（10^6/s）的单位度量。

表2 最新三代DDR技术的最高数据速率和对应的延迟

DDR版本	最高数据速率/（10^6/s）	典型读取时延/ns
DDR3	2133	10.3
DDR4	3200	12.5
DDR5	6400	14

新的DRAM技术——例如GDDR（Graphics DDR，图形DDR）和HBM（High Bandwidth Memory，宽带宽内存）——在需要更大带宽的定制处理器上使用，所以不被DDR接口支持。

现代CPU支持多个独立通道的DDR DRAM内存。一般而言，每一个内存通道的宽度是32位或64位。

3.6 虚拟内存

虚拟内存是让所有运行在CPU上的进程可以共享属于该CPU的物理内存的机制。虚拟内存提供了一种保护机制，可以限制其他进程对分配给指定进程内存的访问。虚拟内存还提供了重定位机制，即能将程序加载到物理内存的任意位置而无须改变程序内寻址方式。

在支持虚拟内存的CPU上，程序使用虚拟地址进行访问。虚拟地址由提供虚拟地址和物理地址之间映射的专用硬件表翻译成物理地址，这些表被称作页表。图12展示了地址的翻译机制，虚拟地址被分成两部分，虚拟页编号用于在页表（页表可以是单层的，也可以是嵌套的）中建立索引，从而生成虚拟页编号到对应物理页的映射关系。然后，使用虚拟地址中的页偏移量访问映射后物理页中相同偏移量的物理内存位置。如果请求的页不在主存中，则会导致缺页问题。操作系统负责向硬件提供处理缺页问题的提示信息，这样最近最少使用的页将被交换出去，以便为新页腾出空间。

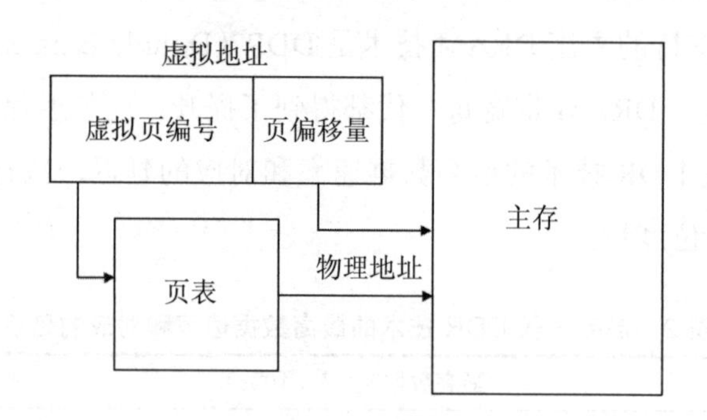

图 12　虚拟地址的翻译机制

CPU 通常使用层级结构的页表格式将虚拟地址位有效地映射到可用的物理内存。在这样的系统中，缺页代价是很高的，需要遍历整个层级结构。为了减少地址翻译时间，CPU 支持一个称为翻译后备缓冲区（Translation Lookaside Buffer，TLB）的硬件结构来缓存最近使用过的翻译。

3.7　单指令多数据多处理器

另一种多重处理的变种是在特定工作负载上广泛使用的 SIMD（Single-Instruction-Multiple-Data，单指令多数据）多处理器，它不同于前面描述的 MIMD（Multiple-Instruction-Multiple-Data，多指令多数据）方式。顾名思义，在 SIMD 处理器中，单条指令通常在单个时钟周期内使用许多独立的功能单元对多个数据元素进行操作。向量和矩阵的科学计算都非常适合 SIMD 架构，因为向量或矩阵的每个元素都需要使用相同的指令进行处理。SIMD 多处理器主要用于数据并行并且只需要少量功能和操作的特殊用途任务。

图 13 展示了代码清单 4 中列出的代码的标量执行模式和 SIMD 执行模式。在传统

的标量执行模式——SISD（Single-Instruction-Single-Data，单指令单数据）模式中，加法操作被单独应用到数组 a 和 b 的每一个元素上。但是，在 SIMD 模式中，加法在同一时间被应用到了多个元素上。SIMD CPU 支持对向量元素执行不同操作的执行单元，数据元素可以是整数，也可以是浮点数。SIMD 架构能更有效地处理大量数据并且适用于有向量操作的数据并行应用程序。

代码清单 4　SIMD 执行

```
double *a, *b, *c;
for (int i = 0; i < N; ++i) {
  c[i] = a[i] + b[i];
}
```

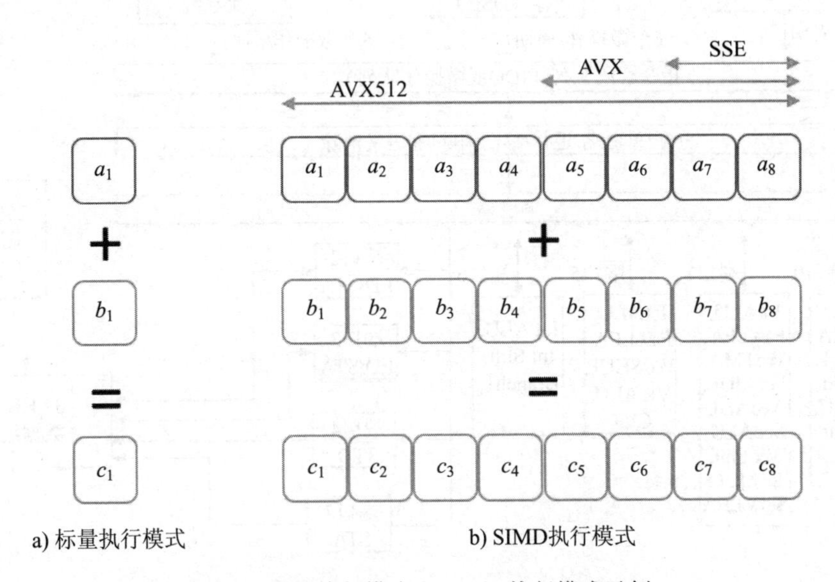

图 13　标量执行模式和 SIMD 执行模式示例

大多数主流 CPU 架构都具有向量指令特性，包括 x86、PowerPC、ARM 和 RISC-V。1996 年，Intel 发布了一个新的指令集 MMX，这是一个专为多媒体应用程序设计的 SIMD 指令集。在 MMX 之后，Intel 又推出了具有新功能和不同向量大小的新指令集：SSE、AVX、AVX2 和 AVX512。新的指令集一经推出，软件工程师就开始使用它们。起初，新的 SIMD 指令以汇编的方式编程。后来，引入了特殊的编译器内建函数。如今，所有主要的编译器都支持主流处理器向量化。

3.8 现代 CPU 设计

图 14 中的框图展示了 Intel 第六代核 Skylake 的细节，该核于 2015 年公布，已广泛部署到了世界各地。Skylake 核被分成一个获取 x86 指令并将之解码为微操作（u-op）的有序前端和一个 8 路超标量的无序后端。

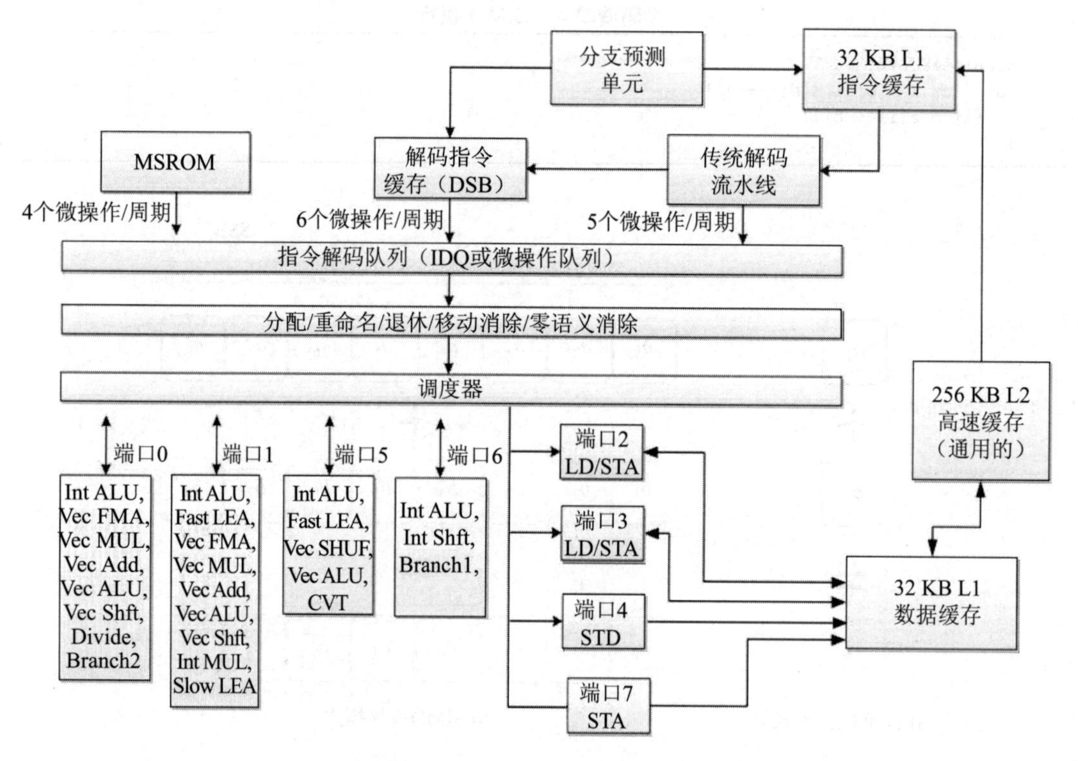

图 14 Intel Skylake 微架构中 CPU 核的框图 [© 图片来自文献（Int，2020）]

该核支持 2 路 SMT，有一个 32 KB 的 8 路一级指令高速缓存（L1 指令缓存）和一个 32 KB 的 8 路一级数据高速缓存（L1 数据缓存）。其中，L1 高速缓存由一个通用的 1 MB 二级高速缓存（L2 高速缓存）备份，并且 L1 和 L2 高速缓存都是每个核私有的。

3.8.1 CPU 前端

CPU 前端由许多数据结构构成，其主要目的是有效地从内存中获取指令并解码。它的主要功能是将准备好的指令送入 CPU 后端，而后者负责指令的实际执行。

CPU前端在每个时钟周期从L1指令缓存中获取16字节的x86指令，两个线程之间共享这些指令，每个线程每隔一个时钟周期就会得到16个字节。这些是长度可变的复杂x86指令，流水线中的预解码和解码阶段将这些复杂x86指令转换为微操作（见4.4节），这些微操作会排队进入指令解码队列（Instruction Decode Queue，IDQ）。

首先，预解码阶段通过检查指令来确定和标记变长指令的边界。在x86中，指令长度从1字节到15字节不等。此外，该阶段还识别分支指令。预解码阶段将最多移动6条指令（也被称为宏指令）到两个线程共享的指令队列中。指令队列还支持宏指令融合单元，该单元检测两条宏指令是否可以融合成一个微操作（见4.4节）。这种优化可以节省流水线其他部分的带宽。

每个时钟周期最多可以从指令队列向解码器发送5条预解码的指令。两个线程共享该接口，并每隔一个时钟周期各访问一次。然后，5路解码器将复杂的宏指令转换为固定长度的微操作。

前端的一个主要性能提升特性是解码流缓冲区（Decoded Stream Buffer，DSB）或微操作高速缓存。其目的是将宏指令到微操作的转换缓存在一个单独的结构（DSB）中，其中DSB与L1指令缓存并行工作。在指令获取期间，还会检查DSB以确定微操作转换是否已经在DSB中可用。经常发生的宏指令将在DSB中命中，流水线将避免重复且成本高昂的16字节包的预解码和解码操作。DSB可以提供与前端到后端接口容量相匹配的6个微操作，这有助于保持整个核的平衡。DSB与分支预测单元（Branch Prediction Unit，BPU）协同工作。BPU预测所有分支指令的方向，并根据该预测结果来引导下一条指令的获取。

一些非常复杂的指令需要的微操作可能比解码器所能处理的上限更多。此类指令的微操作由微码序列器只读存储器（Microcode Sequencer Read-Only Memory，MSROM）提供，这类指令的例子包括支持字符串操作、加密、同步等的硬件操作。另外，MSROM保留了微码操作以处理异常情况，例如，分支预测错误（需要流水线刷新）、浮点辅助（比如当指令以非规范浮点数操作时）等。

指令解码队列（IDQ）提供了有序前端和无序后端之间的接口，并按顺序排列微操作。IDQ总共有128个微操作，每个硬件线程有64个微操作。

3.8.2 CPU 后端

CPU 后端采用乱序（Out-Of-Order）引擎来执行指令并存储结果。

CPU 后端的核是一个包含 224 个条目的顺序重排缓冲器（ReOrder Buffer，ROB）单元，此单元负责处理数据依赖问题。ROB 将架构可见的寄存器映射到调度器 / 预留单元中使用的物理寄存器，ROB 还提供寄存器重命名和跟踪投机执行功能，它的条目总是按照程序中的顺序退休。

预留单元 / 调度器（Reservation Station/Scheduler，RS）是一种用来跟踪给定微操作所有资源可用性的结构，一旦资源准备就绪就将微操作调度到分配的端口。由于核支持 8 路超标量，因此 RS 在每个时钟周期最多可以调度 8 个微操作。如图 14 所示，每个调度端口支持不同的操作：

- 端口 0、1、5 和 6 提供所有整数、浮点数和向量加法单元，分配到这些端口的微操作不需要做内存操作。
- 端口 2 和 3 用于地址生成和加载操作。
- 端口 4 用于存储操作。
- 端口 7 用于地址生成。

3.9 性能监控单元

每个现代 CPU 都提供监控性能的方法，这些方法被集成到了性能监控单元（Performance Monitoring Unit，PMU）中。PMU 包含可帮助开发人员分析其应用程序性能的功能，图 15 给出了现代 Intel CPU 中的一个 PMU 示例。大多数现代 PMU 都有一组性能监控计数器（Performance Monitoring Counter，PMC），用以收集程序运行过程中发生的各种性能事件。5.3 节将讨论如何使用 PMC 进行性能分析。此外，还有一些其他增强性能分析的功能，例如 LBR、PEBS 和 PT，第 6 章将专门讨论这些功能。

随着每一代 CPU 设计的不断发展，PMU 也在不断发展。使用 `cpuid` 命令可以确定 CPU 中 PMU 的版本[㊀]，如代码清单 5 所示。每个 Intel PMU 版本的特性及其相比之前版本的变化，详见文献（Int，2020）。

㊀ 也可以使用 `dmesg` 命令从内核消息缓冲区提取。

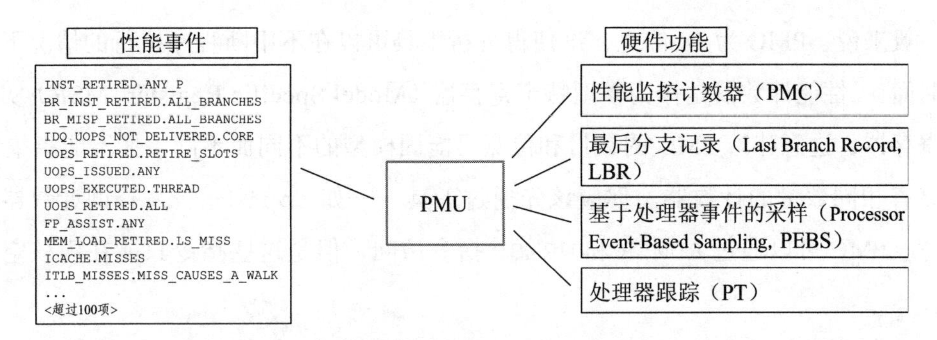

图 15　现代 Intel CPU 的性能监控单元（PMU）

代码清单 5　查询 PMU

```
$ cpuid
...
Architecture Performance Monitoring Features (0xa/eax):
     version ID                                = 0x4 (4)
     number of counters per logical processor = 0x4 (4)
     bit width of counter                      = 0x30 (48)
...
Architecture Performance Monitoring Features (0xa/edx):
     number of fixed counters     = 0x3 (3)
     bit width of fixed counters = 0x30 (48)
...
```

性能监控计数器

想象一下处理器的简化视图，它看起来可能就像图 16 中所示的那样。如前所述，一个现代 CPU 有高速缓存、分支预测器、执行流水线和其他单元。当连接到多个单元后，PMC 可以从它们那里收集有意义的统计数据。例如，它可以统计经过了多少个时钟周期，执行了多少条指令，某段时间内发生了多少次高速缓存未命中或分支预测错误，以及其他性能事件。

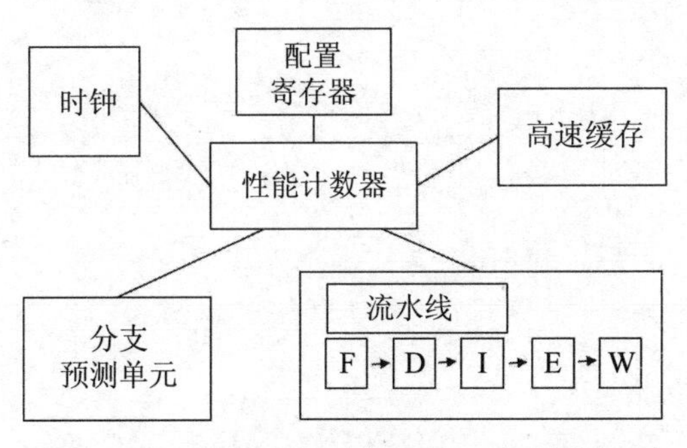

图 16　带有性能监控计数器的 CPU 简化视图

一般来说，PMC为48位宽，这使得分析工具可以在不中断程序执行的情况下运行更长时间[⊖]。性能计数器是作为模型特定寄存器（Model Specific Register，MSR）实现的硬件寄存器，这意味着PMC的数量和位宽可能因模型的不同而不同，你不能指望CPU中始终有相同数量的计数器。你应该先通过工具——如 `cpuid`——来查询计数器数量和位宽。PMC可以通过 `RDMSR` 和 `WRMSR` 指令访问，但是这些指令只能在内核空间里执行。

工程师经常想知道执行的指令数量和经历的时钟周期数，因此Intel处理器的PMU有专门的PMC来收集这些事件，PMU提供固定功能计数器以及可编程计数器。固定功能计数器总是测量CPU核内的同一事件，而可编程计数器由用户来选择他们想要测量的事件。通常，每个逻辑核有4个可编程计数器和3个固定功能计数器。固定功能计数器通常被设置为计算核时钟、参考时钟和退休指令（见第4章）。

PMU中存在大量性能事件是很常见的，图15中显示的只是现代Intel CPU中所有监控性能事件中的一小部分。不难发现，可用PMC的数量远小于性能事件的数量。同时统计所有的性能事件是不可能的，不过分析工具在程序执行过程中通过性能事件组之间的多路复用来解决这个问题（见5.3.3节）。

文献（Int，2020）给出了Intel CPU的全部性能事件。对于ARM芯片，还没有做这样严格的定义。每个ARM供应商按照ARM架构实现核，但是性能事件的含义和所支持的性能事件各不相同。

⊖ 当PMC的值溢出时，程序执行必须被中断，软件才能保存计数器溢出事件。

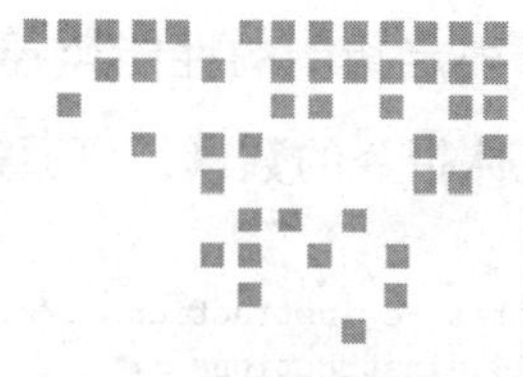

第 4 章 Chapter 4

性能分析中的术语和指标

对于初学者来说，分析由 Linux perf 和 Intel VTune Profiler 等分析工具生成的剖析文件可能是一件非常困难的事情，因为这些剖析文件中有许多复杂的术语和指标。本章将对性能分析中用到的基本术语和指标进行简单介绍。

4.1 退休指令与执行指令

现代处理器执行的指令通常比程序流实际需要执行的指令更多，如 3.3.3 节所述，这是因为一些指令会被投机执行。对于一般的指令，只有当执行结果可用并且前面所有的指令都已经退休时，CPU 才提交执行结果。但是对于投机执行的指令，CPU 不会立即提交它们的执行结果而是先保留下来。当投机被证明正确之后，解锁这些指令，然后像一般指令一样继续处理。但是当投机被证明错误时，CPU 将会丢掉所有投机执行指令所做的工作，并且不会让这些指令退休。所以经 CPU 处理过的指令可以被执行，但不一定能退休。考虑到这一点，我们可以知道，通常 CPU 执行过的指令要比退休的指令多[1]。

---

[1] 通常，退休的指令都会经过执行阶段，当然也有例外，它们不需要经过执行单元，例如，"MOV elimination"和"zero idiom"，详见 easyperf 博客（https://easyperf.net/blog/2018/04/22/What-optimizati ons-you-can-expect-from-CPU）。所以，理论上有些场景下退休的指令可能要多于执行过的指令。

有一个固定功能的性能监控计数器（Performance Monitoring Counter，PMC），它可以收集退休指令的数量，可通过 Linux perf 的如下简单命令获得该信息：

```
$ perf stat -e instructions ./a.exe
  2173414  instructions  #    0.80  insn per cycle
# or just simply do:
$ perf stat ./a.exe
```

4.2 CPU 利用率

CPU 利用率表示 CPU 在一段时间内的繁忙程度，用时间百分比表示。从技术上讲，如果 CPU 没有运行在内核的 `idle` 线程，我们就认为 CPU 正在被使用中。

$$\text{CPU 利用率} = \frac{\text{CPU\_CLK\_UNHALTED.REF\_TSC}}{\text{TSC}}$$

其中，`CPU_CLK_UNHALTED.REF_TSC` PMC 统计 CPU 核在非停止状态的参考时钟周期数，`TSC` 代表时间戳计数器（见 2.5 节），它一直在计数。

如果 CPU 利用率较低，通常意味着应用程序的性能较差，因为有部分 CPU 时间被浪费了。然而，CPU 利用率高也并不总是好事，这只是说明系统正在做一些事，但是不能准确地说明系统到底在做什么：当 CPU 阻塞并等待内存访问时，也可能显示较高 CPU 利用率。在多线程上下文，线程在等待待处理资源的时候可能会自旋，因此，还有一个过滤自旋时间后的指标，即有效 CPU 利用率（见 11.2 节）。

Linux perf 工具可以自动计算出系统中所有 CPU 的利用率：

```
$ perf stat -- a.exe
  0.634874  task-clock (msec) #    0.773 CPUs utilized
```

4.3 CPI 和 IPC

以下是两个非常重要的指标：

- 每指令周期数（Cycles Per Instruction，CPI）：平均每条指令退休需要消耗多少 CPU 时钟周期。

- 每周期指令数（Instructions Per Cycle，IPC）：平均每个 CPU 时钟周期有多少条指令退休。

$$IPC=\frac{INST\_RETIRED.ANY}{CPU\_CLK\_UNHALTED.THREAD}$$

$$CPI=\frac{1}{IPC}$$

其中，`INST_RETIRED.ANY` PMC 统计退休指令的数量，`CPU_CLK_UNHALTED.THREAD` 统计线程在非停止状态的 CPU 时钟周期数量。

基于这些指标有多种分析方式，它们对评估软件和硬件的效率都非常有用。硬件工程师可以用这些指标比较同一厂家不同代系及不同厂家的 CPU，软件工程师在优化应用程序时也会关注 IPC 和 CPI，通常都期望较低的 CPI、较高的 IPC。Linux perf 工具的用户可以通过如下命令获取负载程序的 IPC：

```
$ perf stat -e cycles,instructions -- a.exe
  2369632  cycles
  1725916  instructions  #    0,73  insn per cycle
# or just simply do:
$ perf stat ./a.exe
```

4.4　微操作

x86 架构微处理器把复杂类 CISC 指令转化为简单类 RISC 微操作（microoperation，简称 μop 或 uop），这样做最大的优势是微操作可以乱序执行（Fog，2012）。一条简单的相加指令——比如 `ADD EAX,EBX`，只产生一个微操作，而很多复杂指令——比如 `ADD EAX,[MEM1]` 可能会产生两个微操作：一个将数据从内存读取到临时（未命名）寄存器，另一个则把临时寄存器的内容与 `EAX` 相加。指令 `ADD[MEM1],EAX` 可能会产生三个微操作：一个从内存读取数据，另一个执行加法操作，最后一个把结果存回内存。需要注意的是，指令间的关系及其转化为微操作的方式在不同代系的 CPU 间差别会非常大[㊀]。

㊀ 对最新的 Intel CPU 来说，绝大部分在寄存器上操作的指令都只会生成一个微操作。

与把复杂类 CISC 指令转化为简单类 RISC 微操作相反，微操作也可以被融合。在现代 Intel CPU 中，有两种融合类型：

- 微融合[㊀]：融合从相同机器指令转化而来的微操作。微融合只能应用在两种类型微操作（内存写操作和读 / 修改操作）的组合。例如：

```
# Read the memory location [ESI] and add it to EAX
# Two uops are fused into one at the decoding step.
add    eax, [esi]
```

- 宏融合[㊁]：融合从不同机器指令转化而来的微操作。在某些场景下，解码器可以把算术或逻辑指令与后续的条件跳转指令融合为一个单独的计算加分支跳转微操作。例如：

```
# Two uops from DEC and JNZ instructions are fused into one
.loop:
  dec rdi
  jnz .loop
```

微融合和宏融合能够节省流水线从解码到退休的所有阶段的带宽。融合的操作在顺序重排缓冲区（ROB）中共享一个单独的条目，当融合的微操作只用一个条目时，ROB 将会被扩容。这个单独的 ROB 条目代表两个操作，这两个操作需要被两个不同的执行单元处理。融合的 ROB 条目会被分发到两个不同的执行单元，但是它们会作为一个单元退休（Fog，2012）。

Linux perf 工具的用户可以通过如下命令获取负载程序微操作的发射、执行和退休数量[㊂]：

```
$ perf stat -e uops_issued.any,uops_executed.thread,uops_retired.all -- a.exe
  2856278  uops_issued.any
  2720241  uops_executed.thread
  2557884  uops_retired.all
```

x86 微架构上指令时延、吞吐量、端口使用方法和对应微操作数量，都可以在 uops.info 网站找到。

㊀ https://easyperf.net/blog/2018/02/15/MicroFusion-in-Intel-CPUs。

㊁ https://easyperf.net/blog/2018/02/23/MacroFusion-in-Intel-CPUs。

㊂ 从 Skylake 微架构芯片开始，就没有 UOPS_RETIRED.ALL 事件了，可以使用 UOPS_RETIRED.RETIRE_SLOTS 事件。

4.5　流水线槽位

一个流水线槽位（slot）代表处理一个微操作所需的硬件资源。图 17 展示了 CPU 的一个执行流水线，它可以在每个时钟周期处理 4 个微操作。几乎所有现代 x86 CPU 流水线都是四发射的。图中 6 个连续的时钟周期内，只有一半的槽位被利用了。从微架构角度来看，执行此类代码的效率只有 50%。

时钟周期	1	2	3	4	5	6
槽位1	×	×	×	×		×
槽位2	×	×	×			×
槽位3	×	×	×			
槽位4	×					

图 17　四发射流水线 CPU 示意

流水线槽位是自顶向下微架构分析（见 6.1 节）的核心指标之一。例如，前端绑定（Front-End Bound）和后端绑定（Back-End Bound）指标由闲置流水线槽位的百分比表示。

4.6　核时钟周期和参考时钟周期

大部分 CPU 使用时钟信号同步它们的顺序操作。时钟信号由外部发生器产生，发生器每秒提供固定数量的脉冲。时钟脉冲的频率决定了 CPU 执行指令的速率，因此 CPU 时钟越快，每秒执行的指令就越多。

$$频率 = \frac{时钟计数}{时间}$$

大部分现代 CPU（包括 Intel CPU 和 AMD CPU）都没有固定的运行频率，它们使用了动态频率调整技术。在 Intel CPU 上，这种技术被称为 Turbo Boost，在 AMD CPU 上被称为 Turbo Core。它可以让 CPU 动态地提高或降低自己的频率：降低频率以损失性能为代价来降低功耗，提高频率以牺牲功耗为代价来提升性能。

核时钟周期计数器以 CPU 核运行的实际时钟频率计算时钟周期，而不是依外部时钟计算（参考时钟周期）。我们来看在 Skylake i7-6000 处理器上的一个实验，其中 CPU 的基础频率是 3.4 GHz：

```
$ perf stat -e cycles,ref-cycles ./a.exe
  43340884632  cycles     # 3.97 GHz
  37028245322  ref-cycles # 3.39 GHz
      10,899462364 seconds time elapsed
```

指标 ref-cycles 统计时钟周期数量，不受动态频率调整的影响。外部时钟在设置的时候频率是 100 MHz，如果我们通过时钟倍频器调整它，则可以获得处理器的基础频率。Skylake i7-6000 处理器的时钟倍频器倍数是 34，这意味着对于每一个外部脉冲，CPU 在基础频率上运行时可执行 34 个内部时钟周期。

指标 cycles 统计真正的 CPU 时钟周期数，即会考虑频率调整。我们也可以计算动态频率调整的利用情况：

$$\text{Turbo 利用率} = \frac{\text{核时钟周期}}{\text{参考时钟周期}}$$

因为可以避免时钟频率上下波动的问题，核时钟周期计数器对于判断哪个版本的代码最快非常有用（Fog，2004）。

4.7 缓存未命中

正如 3.5 节介绍的，某层级的任何缓存未命中都会被更高层的缓存或者 DRAM 所承载。这意味着这种内存访问类型的时延会有明显的增加，表 3 中给出了各内存子系统组件的典型时延数据[1]。缓存未命中非常影响性能，尤其当访问最后一层缓存（Last Level Cache，LLC）且发生未命中而直接访问主存（DRAM）时。Intel 内存时延检查工具（Memory Latency Checker，MLC）[2]是一个用于测量内存时延和带宽以及系统在增加加载动作时它们如何变化的工具，可以用于建立被测系统的性能基线和性能分析。

---

[1] 还有一个可视化视图，可显示不同操作在现代系统上的损耗（https://colin-scott.github.io/personal_website/research/interactive_latency.html）。

[2] https://www.intel.com/software/mlc。

表 3　内存子系统组件的典型时延数据

内存子系统组件	时延（时钟周期数或时间）
L1 缓存	4 个时钟周期（约 1 ns）
L2 缓存	10 ～ 25 个时钟周期（5 ～ 10 ns）
L3 缓存	约 40 个时钟周期（20 ns）
主存	200 多个时钟周期（100 ns）

指令和数据都可能发生缓存未命中。根据 TMA 分析方法（见 6.1 节），指令缓存未命中被归类为前端停滞，数据缓存未命中被归类为后端停滞。当获取指令时发生指令缓存未命中，会被归类为前端问题。相应地，当请求数据时在数据缓存中没有找到的话，就是后端问题。

Linux perf 工具的用户可以通过如下命令获取 L1 缓存未命中数量：

```
$ perf stat -e mem_load_retired.fb_hit,mem_load_retired.l1_miss,
  mem_load_retired.l1_hit,mem_inst_retired.all_loads -- a.exe
   29580  mem_load_retired.fb_hit
   19036  mem_load_retired.l1_miss
  497204  mem_load_retired.l1_hit
  546230  mem_inst_retired.all_loads
```

上面是 L1 数据缓存的所有加载动作的拆解，可以看到，在 L1 缓存只有 3.5% 的加载动作未命中。我们可以通过如下命令进一步拆解 L1 的数据未命中并分析 L2 缓存的行为：

```
$ perf stat -e mem_load_retired.l1_miss,
  mem_load_retired.l2_hit,mem_load_retired.l2_miss -- a.exe
  19521  mem_load_retired.l1_miss
  12360  mem_load_retired.l2_hit
   7188  mem_load_retired.l2_miss
```

从这个例子中可以看到，L1 数据缓存未命中的加载动作在 L2 缓存也有 37% 未命中。类似地，对 L3 缓存也可以进行这样的拆解。

4.8　分支预测错误

现代 CPU 会试着去预测分支跳转指令的结果（被选取或不被选取）。例如，当处理器看到如下代码：

```
dec eax
jz .zero
# eax is not 0
...
zero:
# eax is 0
```

时，其中指令 jz 是分支跳转指令，为了提高性能，现代 CPU 架构会试着预测该分支跳转指令的结果，这也被称为“投机执行”。例如，处理器会投机地认为该分支不会被选取，并从 eax is not 0 对应的代码开始执行。如果该预测错误，就被称为“分支预测错误”，然后 CPU 需要撤销它最近投机执行的所有工作，这通常会导致 10 ～ 20 个时钟周期的性能损耗。

Linux perf 工具的用户可以用如下命令检查分支预测错误的次数：

```
$ perf stat -e branches,branch-misses -- a.exe
   358209  branches
    14026  branch-misses #    3,92% of all branches
# or simply do:
$ perf stat -- a.exe
```

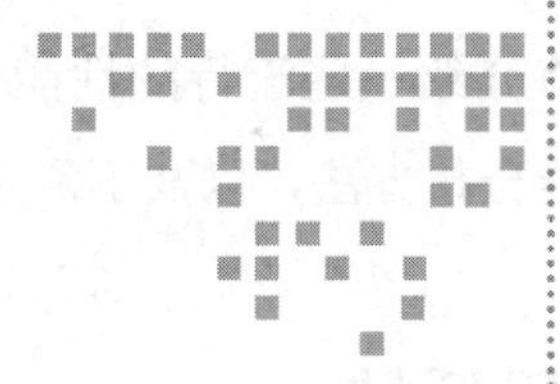

第5章 性能分析方法

当进行上层性能优化时，通常比较容易分辨出性能是否得到优化。当你写出一版更好的算法时，就能显著地看到程序运行时间的变化。但是有时候，当看到程序运行时间发生变化时，却不清楚具体原因是什么。单独的时间信息有时无法给出问题发生的根本原因。在这种场景下，我们需要知道有关程序如何运行的更多信息，这时就需要我们通过性能分析来理解观察到的性能劣化或优化的本质。

程序运行时硬件和软件都可以采集性能数据，这里的硬件是指运行程序的CPU，软件是指操作系统和所有可用于分析的工具。通常软件栈提供上层指标，比如时间、上下文切换次数和缺页次数，而CPU则可以观察缓存未命中、分支预测错误等。根据要解决的问题，各指标的重要程度是不一样的。所以，并不是说硬件指标总能给我们提供更准确的程序执行信息。有些指标是CPU提供不了的，比如上下文切换次数。一般，性能分析工具——比如Linux perf，可以同时使用来自操作系统和CPU的数据。

由于Linux perf[㊀]是非常流行的性能分析工具，因此本书使用该工具。该工具在绝大部分Linux发行版中都可以使用，这使得它的用户覆盖范围很广。此外，该工具是开源的，用户可以通过它了解典型剖析工具内部运行机制。这对理解本书讲到的概念非常有帮助，因为GUI类型的工具（如Intel VTune Profiler）都倾向于隐藏所有的复杂点。

㊀ https://perf.wiki.kernel.org/index.php/Main_Page。

本章将介绍一些流行的性能分析方法，如代码插桩、追踪、表征和采样，也会讨论静态性能分析方法，以及不需要运行实际应用程序的编译器优化报告。

5.1 代码插桩

代码插桩可能是第一个被发明的性能分析方法，它通过在程序中插入额外的代码来采集运行时信息。代码清单 6 展示了最简单的代码插桩例子，即在函数开头插入 printf 语句以统计函数的调用次数。我想每个程序员都曾经这样做过。该方法可以获取程序执行的详细信息，比如追踪程序中每个变量的信息。

代码清单 6　代码插桩

```
int foo(int x) {
  printf("foo is called");
  // function body...
}
```

基于插桩的剖析方法常被用在宏观层次，而不是在微观层次。在优化大段代码的场景，使用该方法通常会给出很好的洞察结果，因为你可以自上而下（先在主函数插桩，然后再往被调用函数插桩）地定位性能问题。虽然代码插桩在小型程序中并不是很有帮助，但它可以让开发者观察应用程序的整体架构和流程，从而得到很多的价值和洞见，所以该方法对于不熟悉代码库的人来说特别有用。

值得一提的是，代码插桩在具有许多不同组件（这些组件根据输入或时间的变化会做出不同的反应）的复杂系统中表现非常出色。采样方法（见 5.4 节）去除了这部分有价值的信息，不支持检测异常行为。例如，在游戏中，通常会有渲染线程、物理线程、动画线程等。对这种大模块进行插桩，有助于我们快速、合理地理解哪个模块是问题的根源。有时，优化对象不仅是代码，也是数据。例如，渲染太慢是因为没有压缩网格，物体运动太慢是因为场景中有太多对象。

该方法常被用在实时场景中，如视频游戏和嵌入式开发。许多剖析工具[㊀]将代码插桩和本章讨论的其他方法（跟踪、采样）混在一起使用。

虽然代码插桩在很多情况下都很强大，但它并不能提供任何关于代码如何从操作

㊀ 如 optick（https://optick.dev）、tracy（https://bitbucket.org/wolfpld/tracy）和 superluminal（https://superluminal.eu）。

系统或 CPU 角度执行的信息。例如，它不能提供进程调度执行的频率（可从操作系统获得）或发生了多少次分支预测错误（可从 CPU 获得）的信息。插桩代码是应用程序的一部分，具有与应用程序本身相同的特权。它运行在用户空间，没有访问内核的权限。

这种方法的缺点是，每当需要插桩新内容（比如另一个变量）时，都需要重新编译。这可能会成为工程师的负担，增加分析时间。然而，这还不是唯一的缺点。因为通常情况下，你关心的只是应用程序中的热路径，所以你只需要在代码的性能关键部分插桩。在热点代码中插入插桩代码可能会导致整个基准测试的速度降低为原来的 1/2[㊀]。此外，通过插桩代码，你可能改变程序的行为，所以可能无法看到与之前相同的现象。

上面那些插桩都会增加实验之间的时间间隔，并消耗更多的开发时间，这就是为什么工程师们现在不经常手动插桩代码了。然而，自动化代码插桩仍然被编译器广泛使用。编译器能够自动对整个程序进行插桩，并收集与运行相关的统计信息。最广为人知的用例是代码覆盖度分析和基于剖析文件的编译优化（见 7.7 节）。

在讨论插桩时，有必要讨论一下二进制插桩方法。二进制插桩背后的思想也类似，不过是在已经构建的可执行文件上完成的，而不是在源代码上完成。二进制插桩有两种类型：静态插桩（提前完成）和动态插桩（在程序执行时按需插入插桩代码）。动态二进制插桩的主要优点是它不需要程序重新编译和重新链接。此外，使用动态插桩可以将插桩限制在感兴趣的代码区域，而不是用在整个程序。

二进制插桩在性能分析和调试中非常有用。Intel Pin[㊁]是非常流行的二进制插桩工具之一，在发生被关注事件时，Pin 会拦截程序的执行，并从该点开始生成新的插桩代码。它可以收集各种运行时信息，例如：

- 指令计数和函数调用计数；
- 拦截应用程序中函数调用和指令的执行；
- 通过捕获程序区域开头的内存和硬件寄存器状态，可以实现程序区域的“记录和重放”。

与代码插桩类似，二进制插桩只允许插桩用户空间代码，并且插桩后程序运行速度可能会非常慢。

㊀ 记住不要对插桩代码进行基准测试，也就是说，不要在同一运行中既测量分数又做性能分析。

㊁ https://software.intel.com/en-us/articles/pin-a-dynamic-binary-instrumentation-tool。

5.2 跟踪

跟踪在概念上与代码插桩非常相似，但又稍有差别，代码插桩假设开发者可以掌控程序的代码。然而，跟踪依赖于程序外部依赖项的现有插桩。例如，strace 工具可以跟踪系统调用，可以被认为是 Linux 内核的插桩。Intel 处理器跟踪（Intel Processor Traces，见 6.4 节）可记录程序执行的指令，可被认为是对 CPU 的插桩。跟踪可以从预先插桩好并且不容易改变的组件中获得，所以跟踪通常用在黑盒场景，即用户不能修改应用程序代码，但是又想深入了解程序在幕后做了什么的场景。

代码清单 7 展示了一个使用 Linux strace 工具跟踪系统调用的例子，展示了执行 `git status` 命令时 strace 输出的前几行。使用 strace 跟踪系统调用，我们可以知道每个系统调用的时间戳（最左列）、退出状态和每个系统调用的持续时间（角括号内）。

代码清单 7　使用 strace 跟踪系统调用

```
$ strace -tt -T -- git status
17:46:16.798861 execve("/usr/bin/git", ["git", "status"], 0x7ffe705dcd78
                /* 75 vars */) = 0 <0.000300>
17:46:16.799493 brk(NULL)                = 0x55f81d929000 <0.000062>
17:46:16.799692 access("/etc/ld.so.nohwcap", F_OK) = -1 ENOENT
                (No such file or directory) <0.000063>
17:46:16.799863 access("/etc/ld.so.preload", R_OK) = -1 ENOENT
                (No such file or directory) <0.000074>
17:46:16.800032 openat(AT_FDCWD, "/etc/ld.so.cache", O_RDONLY|O_CLOEXEC) =3
                <0.000072>
17:46:16.800255 fstat(3, {st_mode=S_IFREG|0644, st_size=144852, ...}) = 0
                <0.000058>
17:46:16.800408 mmap(NULL, 144852, PROT_READ, MAP_PRIVATE, 3, 0)
                = 0x7f6ea7e48000 <0.000066>
17:46:16.800619 close(3)                 = 0 <0.000123>
...
```

跟踪的开销取决于要跟踪的目标，例如，如果跟踪的程序几乎从不进行系统调用，那么 `strace` 的跟踪开销几乎为零。相反，如果跟踪的程序非常依赖系统调用，那么开销会非常大，性能可能会劣化，变为原来的 1/100[⊖]。此外，由于跟踪不会跳过任何样本，所以会产生很多数据。为了弥补这个缺陷，跟踪工具提供了过滤功能，可以只采集指定时间段或指定代码段的数据。

与代码插桩相似，通常跟踪也是为了探究系统中的异常。例如，你可能想知道 10 s

⊖ http://www.brendangregg.com/blog/2014-05-11/strace-wow-much-syscall.html。

无响应的时间中应用程序发生了什么。性能剖析并不是为了解决该问题而设计的，但是使用跟踪技术可以看到是什么导致了程序无响应。例如，使用 Intel PT 工具（见 6.4 节），我们可以重新构建程序的执行流，准确知道哪些指令被执行了。

跟踪技术对于调试工作非常有用，它的基本特性支持基于已记录的踪迹来“记录和回放”使用场景。其中一个工具是 Mozilla rr[⊖]调试器，它可以记录并回放进程，支持反向单步调试等功能。大多数跟踪工具都能够使用时间戳标记事件（参见代码清单 7 中的示例），这使我们能够将其与那段时间内发生的外部事件关联。例如，当在程序中观察到故障时，我们可以查看应用程序的执行轨迹，并将该故障与整个系统在这段时间内发生的情况关联起来。

5.3 负载表征

负载表征是通过量化参数和函数来描述负载的过程，它的目标是定义负载的行为及主要特征。大体来看，应用程序属于以下类型中的一种或多种：交互式应用程序、数据库、网络应用程序、并行式应用程序等。可以使用不同的指标和参数来描述不同的负载，以判断负载属于哪种应用程序领域。

在 6.1 节中，我们将聚焦自顶向下的微架构分析（TMA）方法，它试图通过将应用程序划分为 4 种特征中的一类，4 种特征分别为前端绑定（Front End Bound）、后端绑定（Back End Bound）、退休（Retiring）和错误投机（Bad Speculation）。TMA 使用性能监视计数器（PMC，参见 3.9 节）来收集所需的信息并识别 CPU 微架构的低效使用情况。

5.3.1 统计性能事件

PMC 是一种非常重要的底层性能分析工具，它们可以提供关于程序执行的独有信息。PMC 通常有两种使用模式：“计数”和“采样”。计数模式用于负载表征，而采样模式用于寻找热点，我们将在 5.4 节中讨论它们。计数背后的思想非常简单，即统计程序运行期间某些性能事件的数量。图 18 展示了从时间角度统计性能事件的过程。

⊖ https://rr-project.org/。

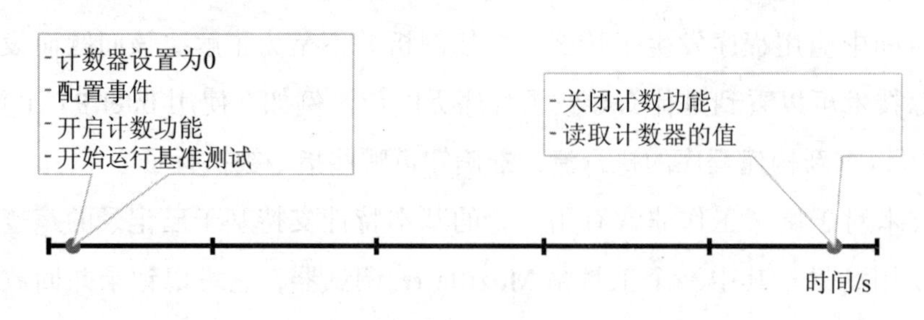

图 18 统计性能事件的过程

图 18 中概述的步骤大致代表了典型分析工具在统计性能事件时的步骤。该过程是在 perf stat 工具中实现的，可以用来统计各种硬件事件，如指令数、时钟周期数、缓存未命中数等。perf stat 的输出示例如下：

```
$ perf stat -- ./a.exe
 10580290629  cycles         #    3,677 GHz
  8067576938  instructions   #    0,76  insn per cycle
  3005772086  branches       # 1044,472 M/sec
   239298395  branch-misses  #    7,96% of all branches
```

这些数据很有用，首先它可以让我们快速发现一些异常，如缓存未命中率高或 IPC 很差。此外，当你对代码进行了改进并想要验证性能是否有提高时，它可能会派上用场，查看这些数字可以帮助你确定是否保留代码修改。

> **个人经验** 我通常通过 'perf stat' 来运行较小的基准测试程序。因为统计事件的开销很小，我默认通过 'perf stat' 来运行几乎所有的基准测试程序。这是我性能分析工作的第一步，有时可以立即发现异常，这可以节省分析时间。

5.3.2 手动收集性能计数

现代 CPU 有几百个可统计的性能事件，我们很难记住所有的事件及其对应的意思。理解何时使用特定的 PMC 就更难了。这就是我们通常不推荐手动收集特定的 PMC，除非你知道背后的原理。我们推荐使用像 Intel VTune Profiler 这样的工具来自动处理这个过程，除非你想试着自己采集特定 PMC。

所有 Intel 系列 CPU 的性能事件参见（Int，2020），每个事件都用十六进制的

Event 和 Umask 值编码。有时，性能事件也可以用额外的参数进行编码，如 Cmask 和 Inv 等。表 4 展示了为 Intel Skylake 微架构编码两个性能事件的示例。

表 4　Skylake 微架构性能事件编码示例

Event（事件）编码	Umask（掩码）值	事件掩码助记符	描述
C0H	00H	INST_RETIRED.ANY_P	退休的指令数
C4H	00H	BR_INST_RETIRED.ALL_BRANCHES	退休的分支跳转指令

Linux perf 提供常用性能计数器的映射，它们可以通过映射的事件名称来访问，而不是指定 Event 和 Umask 十六进制值。例如，branches 只是 BR_INST_RETIRED.ALL_BRANCHES 的同义词，它们可以测量相同的东西。可以通过 perf list 查看可用的映射名称列表：

```
$ perf list
  branches              [Hardware event]
  branch-misses         [Hardware event]
  bus-cycles            [Hardware event]
  cache-misses          [Hardware event]
  cycles                [Hardware event]
  instructions          [Hardware event]
  ref-cycles            [Hardware event]
```

然而，Linux perf 并没有为每个 CPU 架构的所有性能计数器提供映射。如果要找的 PMC 没有映射，则可以使用如下语法来采集它：

```
$ perf stat -e cpu/event=0xc4,umask=0x0,name=BR_INST_RETIRED.ALL_BRANCHES/
    -- ./a.exe
```

此外，围绕 Linux perf 还有一些封装工具，它们也可以用来处理映射工作，例如 oprofile[㊀]和 ocperf.py[㊁]。下面是它们的用法示例：

```
$ ocperf -e uops_retired ./a.exe
$ ocperf.py stat -e uops_retired.retire_slots -- ./a.exe
```

性能计数器并不是在每个环境中都可用，因为访问 PMC 需要 root 权限，而在虚拟环境中运行的应用程序通常没有 root 权限。对于在公共云中执行的程序，如果虚拟

㊀ https://oprofile.sourceforge.io/about/。

㊁ https://github.com/andikleen/pmu-tools/blob/master/ocperf.py。

机（VM）管理器没有将 PMU 编程接口正确地公开给来宾用户，则直接在来宾用户容器中运行基于 PMU 的剖析程序不会产生有用的输出。尽管情况正在好转，基于 CPU 性能计数器的剖析工具在虚拟环境和云环境中还是不能很好地工作（Du et al.，2010）。VmWare 是最早启用虚拟 CPU 性能计数器（vPMC）[⊖]的虚拟机管理器之一，AWS EC2 云为专用主机启用了 PMC[⊜]。

5.3.3 事件多路复用和缩放

在某些情况下，我们想同时统计许多不同的事件，但是一个计数器一次只能统计一个事件，这就是为什么 PMU 中有多个计数器（通常每个硬件线程有 4 个）。即便如此，固定计数器和可编程计数器的数量也总是不够用。自顶向下分析方法（TMA）在一次程序执行中需要收集多达 100 个不同的性能事件。显然，CPU 没有那么多计数器，这时多路复用技术就可以发挥作用了。

如果事件多于计数器，则分析工具使用时间多路复用技术使每个事件都有机会访问监控硬件。图 19 展示了在只有 4 个 PMC 可用的情况下，8 个性能事件之间的多路复用示例。

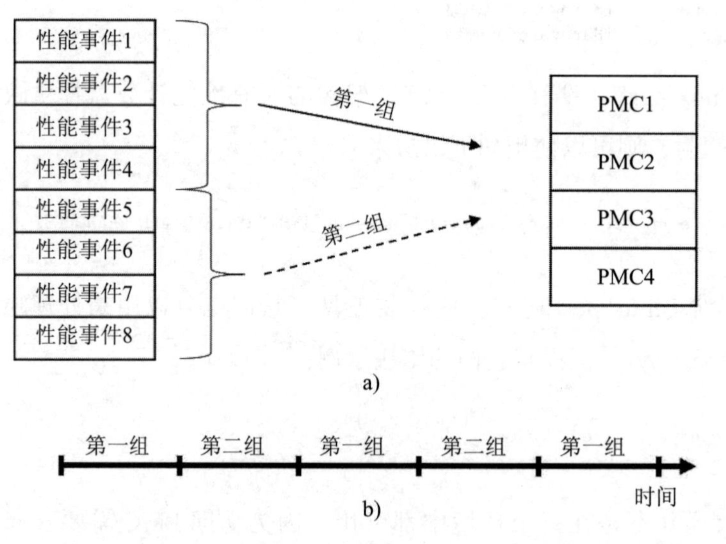

图 19　4 个 PMC 可用时，8 个性能事件之间的多路复用示例

⊖ https://www.vladan.fr/what-are-vmware-virtual-cpu-performancemonitoring-counters-vpmcs/。

⊜ http://www.brendangregg.com/blog/2017-05-04/the-pmcs-of-ec2.html。

当使用多路复用技术时，一个事件不会被一直测量，只有它的一部分能被测量。运行结束时，剖析工具需要根据运行时间和启用时间比来换算原始计数：

最终计数 = 原始计数 ×（运行时间 / 启用时间）

例如，在剖析期间，我们能够在 5 个时间间隔内测量某个计数器。每次测量间隔持续 100 ms（启用时间），程序运行时间为 1 s（运行时间），此计数器的事件总数被测量为 10 000（原始计数）。因此，在计算最终计数时我们需要乘以 2，即等于 20 000：

最终计数 =10 000×（1000 ms/500 ms）=20 000

这给出了整个运行过程中被统计事件的计数估值，请记住这是估计的计数而不是实际计数。多路复用技术和缩放技术可以安全地用于在长时间间隔内执行相同代码的稳定负载。如果程序经常在不同的热点之间跳转，就会出现盲点，在缩放过程中就会出现错误。为了避免缩放，可以尝试减少事件的数量使其不大于可用的物理 PMC 数量。然而，这将需要多次运行基准测试才能度量所有感兴趣的计数器。

5.4　采样

采样是最常用的性能分析方法，人们通常把它与在程序中寻找热点联系在一起。一般来说，采样能给出“代码中的哪个位置对某些性能事件的数量贡献最大？”的答案。如果我们想要寻找热点，那么这个问题可以重新表述为代码中的哪个位置消耗的 CPU 时钟周期最多。人们经常用“剖析”（Profiling）来形容技术上所讲的采样。剖析是一个更广泛的术语，包括各种收集数据的技术，例如中断、代码插桩和 PMC。

这可能会让人感到惊讶，人们能想到的最简单的采样剖析工具是调试器。事实上，识别热点的方法包括：a）在调试器下运行程序；b）每 10 s 暂停一次程序；c）记录程序停止的位置。如果多次重复 b）和 c），就能构建一个样本集合，停止最多的那行代码将是程序中最热门的地方[⊖]。当然，这是对真实剖析工具的工作原理非常简化的描述。现代剖析工具每秒能够收集数千个样本，能对基准测试中最热门的地方做出相当准确的估计。

⊖ 但这是一种非常笨拙的方式，不建议这样做，这里只是为了说明这个概念。

与调试器的例子一样，每次捕获新样本时，所分析程序的执行都会被中断。在中断时，剖析器收集程序状态的快照，并用快照构成一个样本。针对每个样本收集的信息可能包括在中断时执行的指令地址、寄存器状态、调用栈（见5.4.3节）等。收集的样本数据存储在数据收集文件中，这些可进一步用于显示调用图、程序中最耗时的部分和统计意义上重要的代码段控制流。

5.4.1 用户模式采样和基于硬件事件的采样

采样可以在两种不同的模式下进行，即用户模式采样和基于硬件事件的采样（Event-Based Sampling，EBS）。用户模式采样是一种纯软件方法，它将代理库嵌入被分析的应用程序中。代理库为应用程序中的每个线程设置OS计时器，在计时器计时完成时，应用程序会接收到SIGPROF信号，该信号由收集器处理。EBS使用硬件PMC触发中断，特别是使用了PMU的计数器溢出特性，我们将在下一节讨论这个特性（Int，2020）。

用户模式采样只能用于识别热点，而EBS可以用于涉及PMC的其他分析，例如对缓存未命中采样、TMA（见6.1节）等。

用户模式采样比EBS产生更多的运行时开销。当使用10 ms的默认采样间隔时，用户模式采样的平均开销约为5%。当采用1 ms的采样间隔时，EBS的平均开销约为2%。因为可以以更高的频率收集样本，所以通常EBS更准确。然而，用户模式采样生成的待分析数据要少得多，处理这些数据耗时也少得多。

5.4.2 寻找热点

本节将讨论使用PMC进行EBS的场景。图20演示了PMU的计数器溢出特性，该特性用于触发性能监控中断（Performance Monitoring Interrupt，PMI）。

首先，我们要配置待采样的事件。识别热点意味着识别程序在哪里花费了大部分时间，因此按时钟周期采样是非常自然的，这也是许多剖析工具的默认设置。但这并不是严格的规则，我们可以对任何想要查看的性能事件进行采样。例如，如果想知道程序在哪里发生的L3缓存未命中最多，则可以对相应的事件（例如MEM_LOAD_RETIRED.L3_MISS）进行采样。

在准备工作完成后，我们开始计数并运行基准测试。配置需要统计时钟周期的 PMC，计数器每个时钟周期递增一次，最终它会溢出。当计数器溢出时，硬件将发起 PMI。剖析工具会被配置成捕获 PMI，会有一个中断服务例程（Interrupt Service Routine，ISR）来处理它们。在这个例程中，我们执行多个步骤：首先，禁用计数功能；之后，记录计数器溢出时 CPU 执行的指令；然后，将计数器重置为 N 并恢复基准测试执行。

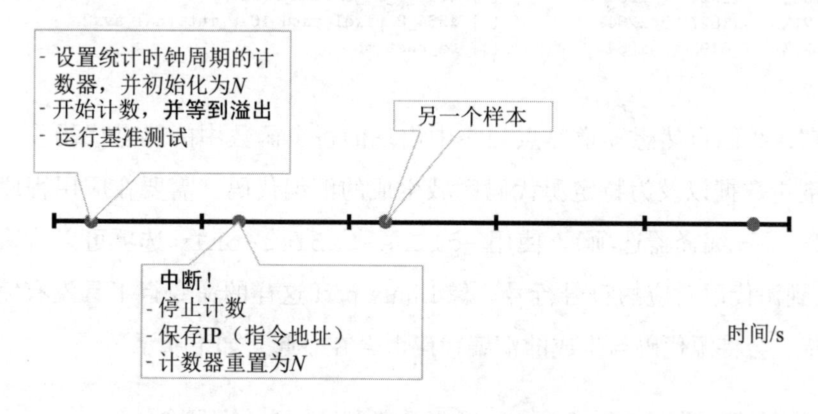

图 20　使用性能计数器进行采样

现在，让我们回到值 N。使用该值可以控制获取新中断的频率。假设我们想要更小的间隔，每 100 万条指令取一个样本。为了实现这一点，我们可以将计数器设置为 -100 万，这样它就会在每 100 万条指令之后溢出，这个值通常被称为“采样间隔”值。

多次重复这个过程，以获取足够的样本。接下来汇总这些样本就可以构建程序中热点位置的直方图，就像下面的 Linux `perf record/report` 输出中所显示的那样。这为我们提供了程序函数细分开销的降序（热点）排序。从 Phoronix 测试套件[1]中选取 x264[2] 基准测试的示例如下：

```
$ perf record -- ./x264 -o /dev/null --slow --threads 8
    Bosphorus_1920x1080_120fps_420_8bit_YUV.y4m
$ perf report -n --stdio
# Samples: 364K of event 'cycles:ppp'
```

[1] https://www.phoronix-test-suite.com/。

[2] https://openbenchmarking.org/test/pts/x264。

```
# Event count (approx.): 300110884245
# Overhead  Samples  Shared Object   Symbol
# ........  .......  .............   ........................................
#
    6.99%    25349    x264            [.] x264_8_me_search_ref
    6.70%    24294    x264            [.] get_ref_avx2
    6.50%    23397    x264            [.] refine_subpel
    5.20%    18590    x264            [.] x264_8_pixel_satd_8x8_internal_avx2
                                      [.] x264_8_pixel_avg2_w16_sse2
    4.22%    15081    x264            [.] x264_8_pixel_avg2_w8_mmx2
    3.63%    13024    x264            [.] x264_8_mc_chroma_avx2
    3.21%    11827    x264            [.] x264_8_pixel_satd_16x8_internal_avx2
    2.25%     8192    x264            [.] rd_cost_mb
  ...
```

接下来，我们自然想知道热点列表中出现的每个函数中的热点代码段。要查看内联函数的剖析数据以及为特定源代码区域生成的汇编代码，需要在应用程序构建时带上调试信息（-g 编译器选项）。使用 -gline-tables-only 选项可以将采集的调试信息减少[⊖]到源代码对应的符号行号。像 Linux perf 这样的命令行工具没有完整、丰富的图形支持，会将源代码与生成的汇编代码混合在一起，如下所示：

```
# snippet of annotating source code of 'x264_8_me_search_ref' function
$ perf annotate x264_8_me_search_ref --stdio
Percent | Source code & Disassembly of x264 for cycles:ppp
----------------------------------------------------------
  ...
        :                          bmx += square1[bcost&15][0]; <== source code
  1.43  : 4eb10d:  movsx   ecx,BYTE PTR [r8+rdx*2]          <== corresponding
                                                                 machine code
        :                          bmy += square1[bcost&15][1];
  0.36  : 4eb112:  movsx   r12d,BYTE PTR [r8+rdx*2+0x1]
        :                          bmx += square1[bcost&15][0];
  0.63  : 4eb118:  add     DWORD PTR [rsp+0x38],ecx
        :                          bmy += square1[bcost&15][1];
  ...
```

大多数带有图形用户界面（GUI）的剖析工具——如 Intel VTune Profiler——可以并排显示源代码和相关汇编代码，如图 21 所示。

5.4.3 采集调用栈

在采样时，我们可能经常会遇到程序中热点函数被多个调用者调用的情况。图 22 展示了该场景的一个例子。剖析工具的输出可能显示 foo 函数是程序中的热点函数，但

⊖ 如果用户不需要完整的调试信息，拥有行号就足以分析应用程序。有些情况下，LLVM 转换路径会发生错误，错误地处理调试内建函数，导致在存在调试信息的情况下进行了错误的转换。

如果它有多个调用者，就需要知道哪个函数调用 foo 的次数最多。典型场景是，应用程序使用的库函数（如 `memcpy` 或 `sqrt`）出现在热点处。要理解为什么特定函数会呈现为热点，我们需要知道程序的控制流图（Control Flow Graph，CFG）中的哪条路径是最热的。

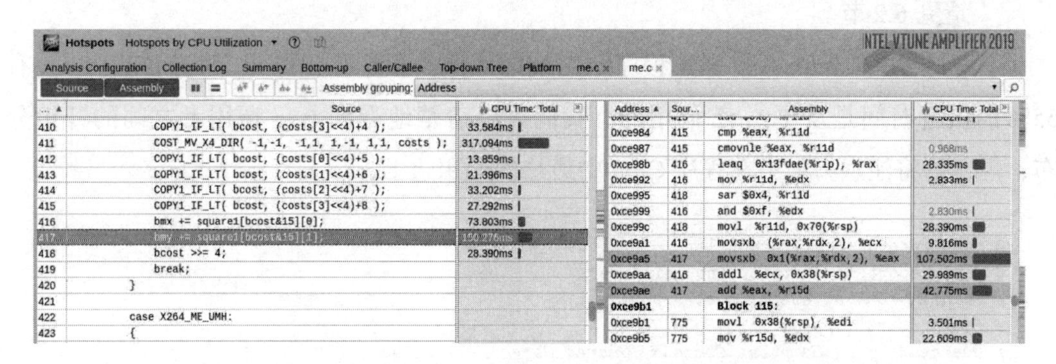

图 21　Intel VTune Profiler 对基准测试 x264 的源代码和汇编代码分析视图

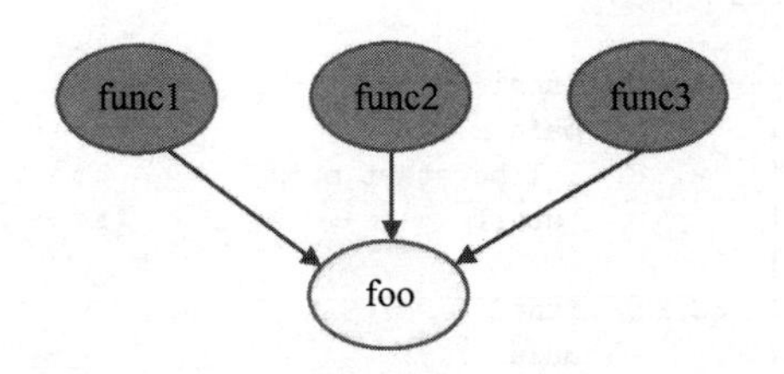

图 22　CFG：热点函数 foo 有多个调用者

分析 `foo` 的所有调用者的逻辑可能非常耗时，我们希望只关注那些导致 `foo` 为热点的调用者，换句话说，我们想知道程序的 CFG 中最热路径。剖析工具通过在收集性能样本时捕获进程的调用栈以及其他信息来实现这一点。然后，将所有收集的栈进行分组，从而使我们能够看到导致某个特定函数的最热路径。

用 Linux perf 工具收集调用栈有三种可能的方法：

- 帧指针（`perf record--call-graph fp`）。需要二进制文件在编译构建时带上 `--fnoomit-frame-pointer` 参数。因为帧指针（RBP）无须从栈中弹出所有参数就能获取调用栈（栈展开），所以以前它常被用于调试。帧指针可以立即给出返回地址，但是需要消耗一个寄存器，所以成本高昂。因为帧指针可以实现开销更低的栈展开，所以它还可用于性能剖析。
- DWARF 调试信息（`perf record--call-graph dwarf`）。需要二进制文

件在编译构建时带上 DWARF 调试信息 `-g`（`-gline-tables-only`）。

- Intel 最后分支记录（Last Branch Record，LBR）硬件特性（`perf record--call-graph lbr`）。调用图的深度不如前面两种方法，关于 LBR 的更多信息请见 6.2 节。

下面是使用 Linux perf 采集程序调用栈的示例。根据输出结果，我们知道 `foo` 有 55% 的执行时间是从 `func1` 调用的。我们可以清楚地看到 `foo` 调用者之间的开销分布，现在可将注意力集中在程序 CFG 中最热的调用边上。

```
$ perf record --call-graph lbr -- ./a.out
$ perf report -n --stdio --no-children
# Samples: 65K of event 'cycles:ppp'
# Event count (approx.): 61363317007
# Overhead       Samples  Command  Shared Object     Symbol
# ........  ............  .......  ................  ......................
    99.96%         65217  a.out    a.out             [.] foo
            |
             --99.96%--foo
                       |
                       |--55.52%--func1
                       |          main
                       |          __libc_start_main
                       |          _start
                       |
                       |--33.32%--func2
                       |          main
                       |          __libc_start_main
                       |          _start
                       |
                        --11.12%--func3
                                  main
                                  __libc_start_main
                                  _start
```

使用 Intel VTune Profiler 时，可在配置分析功能时选中“收集栈”（Collect stacks）来采集调用栈数据。若使用命令行方式，需要使用 `-knob enable-stack-collection=true` 选项。

> **个人经验** 了解调用栈的采集机制非常重要，我见过一些不熟悉该机制的开发者试图使用调试器来获取这些信息，他们通过中断程序的执行来分析调用栈（如 'gdb' 调试器中的 'backtrace' 命令）。开发者应该用剖析工具来完成这项工作，它们可以更快、更准确地提供数据。

5.4.4 火焰图

火焰图是一种常用的可视化剖析数据和程序中最热代码路径的方法，它可以让我们看到哪些函数调用占用了大部分执行时间。图 23 展示了 x264 基准测试程序的火焰图示例，在展示的火焰图中，我们可以看到花费最多执行时间的路径是 `x264->threadpool_thread_internal->slices_write->slice_write->x264_8_macroblock_analyse`。火焰图的输出是交互式的，我们可以放大到特定的代码路径。火焰图是用 Brendan Gregg 开发的开源脚本⊖生成的。还有一些能生成火焰图的工具，其中 KDAB Hotspot⊜估计是最受欢迎的替代工具。

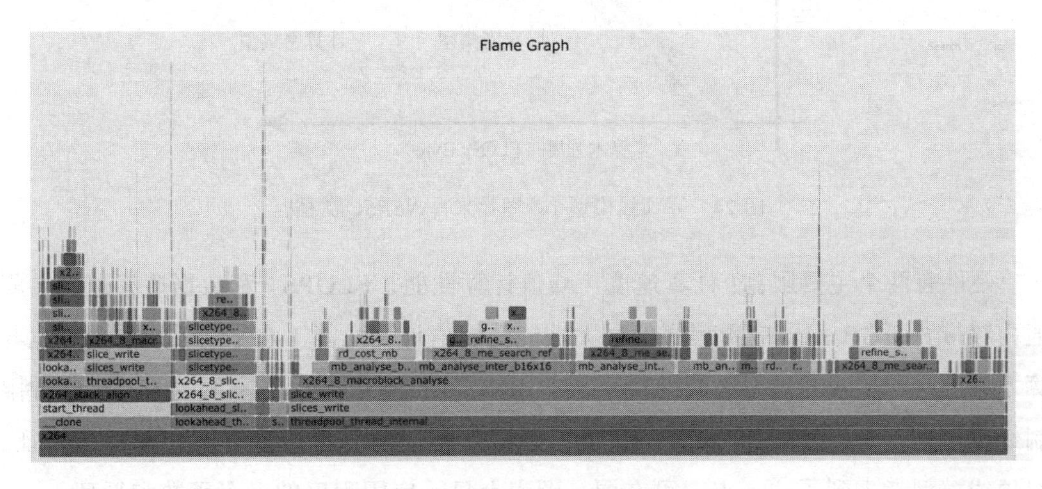

图 23　基准测试 x264 的火焰图

5.5 屋顶线性能模型

屋顶线性能模型是加利福尼亚大学伯克利分校（University of California，Berkeley）在 2009 年提出的，它是一种面向吞吐量的性能模型，常用于高性能计算（High Performance Computing，HPC）。此模型中的“屋顶线”表示应用程序的性能不可能超过计算机处理能力的事实，程序中的每个函数和循环都受计算机的计算能力或内存容

⊖ https://github.com/brendangregg/FlameGraph。相关特性的更多详细信息请见 Brendan 的个人网站 http://www.brendangregg.com/flamegraphs.html。

⊜ https://github.com/KDAB/hotspot。

量的限制，如图 24 所示，应用程序的性能总会受某个“屋顶线”函数的限制。

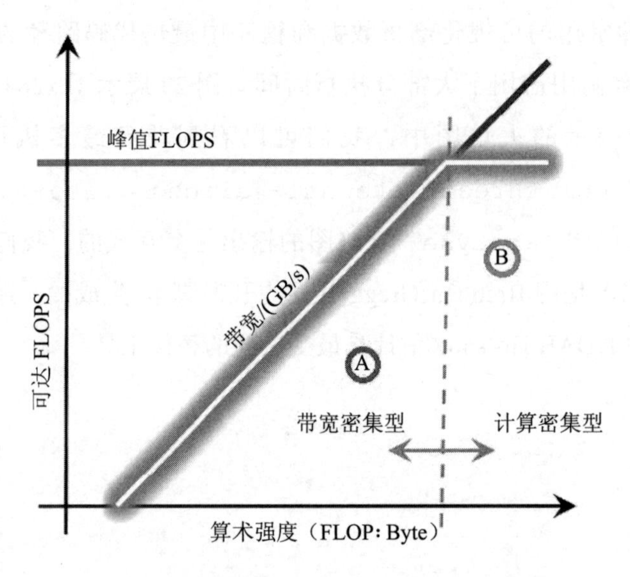

图 24 屋顶线模型（© 图片来自 *NERSC* 文档）

硬件有两个主要限制：计算速度（峰值计算性能，FLOPS）和数据搬移速度（峰值内存带宽，GB/s）。应用程序的最大性能受峰值计算性能（水平线）和平台带宽与算术强度乘积（对角线）之间的最小值的限制。图 24 中显示的屋顶线图基于硬件限制绘制了两个应用程序 A 和 B 的性能。程序的不同部分可能具有不同的性能特征，屋顶线模型考虑到了这一点，可在同一图表上显示应用程序的多个函数和循环。

算术强度（Arithmetic Intensity，AI）是 FLOPS 和字节之间的比率，可以根据程序中的每个循环进行计算。现在我们来计算代码清单 8 中代码的算术强度。在最内层的循环体中，有一个加法运算和一个乘法运算，因此有 2 个浮点运算。此外，还有三个读操作和一个写操作，这样，我们需要转换 `4ops*4bytes=16` 个字节。这段代码的算术强度是 2/16=0.125，算术强度用作给定性能点上 X 轴的值。

代码清单 8 朴素并行矩阵乘法

```
1 void matmul(int N, float a[][2048], float b[][2048], float c[][2048]) {
2     #pragma omp parallel for
3     for(int i = 0; i < N; i++) {
4         for(int j = 0; j < N; j++) {
5             for(int k = 0; k < N; k++) {
```

```
6                c[i][j] = c[i][j] + a[i][k] * b[k][j];
7            }
8        }
9    }
10 }
```

提高应用程序性能的传统方法是充分利用计算机的 SIMD 和多核功能，通常需要在很多方面进行优化，包括向量化、内存、线程。屋顶线方法有助于评估应用程序的这些特征。在屋顶线图上，我们可以绘制标量单核、SIMD 单核和 SIMD 多核性能的理论最大值（见图 25），这可以让我们了解应用程序性能的提高空间。如果发现应用程序是计算密集型的（即具有较高的算术强度）并且性能低于峰值标量单核性能，则应该考虑强制向量化（见 8.2.3 节）并利用多个线程分配工作。相反，如果应用程序的算术强度较低，则应该寻找改善内存访问的方法（见 8.1 节）。使用屋顶线模型优化性能的最终目标是将点向上移动，向量化和线程化将点向上移动，而通过增加算术强度优化内存访问将点向右移动同时还可能提高性能。

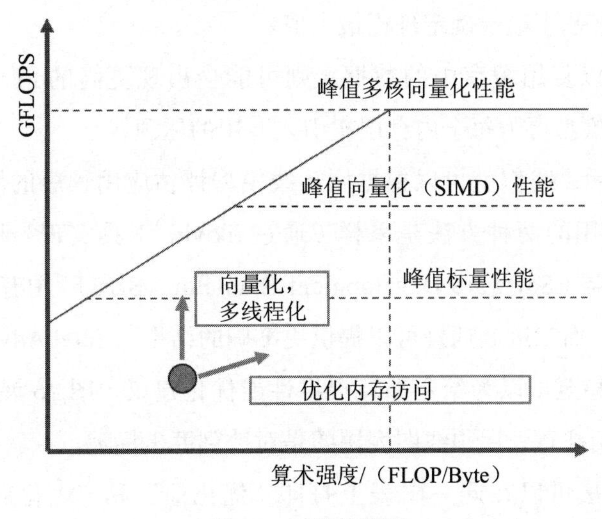

图 25　屋顶线模型

理论最大值（屋顶线）可以根据所使用的计算机的特征计算[⊖]，一旦知道计算机参数，计算理论最大值并不困难。对于 Intel Core i5-8259U 处理器，具有 AVX2 和 2 个融合乘加（Fused Multiply Add，FMA）单元的最大 FLOPS（单精度浮点数）可以通过如

⊖ 注意，理论最大值通常可在设备规格中轻松查找到。

下公式计算：

$$峰值 FLOPS=8（逻辑核数量）\times \frac{256（AVX 位宽）}{32 位（浮点数大小）} \times 2（FMA）\times 3.8 GHz（最大频率）=486.4GFLOPS$$

作者在实验中使用的 Intel NUC Kit NUC8i5BEH 计算机的最大内存带宽可以通过如下公式计算：

$$峰值内存带宽 =2400（DDR4 内存传输速度）\times 2（内存通道数量）\times 8（每次内存访问的字节数）\times 1（套接字）=38.4 GiB/s$$

Empirical Roofline Tool[㊀]和 Intel Advisor[㊁]（见图 26）等自动化工具通过运行一组预设的基准测试程序来基于经验确定理论最大值。

如果计算时可以复用缓存中的数据，则可能会出现更高的 FLOPS。利用该机制（见图 26），屋顶线模型可为每个内存层次引入专用的屋顶线。

确定硬件限制后，我们就可以根据屋顶线模型评估应用程序的性能。自动收集屋顶线模型数据最常用的两种方法是采样（通过 likwid[㊂]工具实现）和二进制插桩［在 Intel 软件开发模拟器（Software Development Emulator，SDE）[㊃]中有使用到］。采样收集数据的开销较低，而二进制插桩可以提供更准确的结果[㊄]。Intel Advisor 能够自动构建屋顶线模型图表，甚至可以为给定循环提供性能优化建议。图 26 展示了 Intel Advisor 生成的图表示例，请注意，屋顶线图表用的是对数刻度坐标轴。

屋顶线模型方法可以在同一图表上打印“优化前”和“优化后”点来跟踪优化

㊀ https://bitbucket.org/berkeleylab/cs-roofline-toolkit/src/master/。
㊁ https://software.intel.com/content/www/us/en/develop/tools/advisor.html。
㊂ https://github.com/RRZE-HPC/likwid。
㊃ https://software.intel.com/content/www/us/en/develop/articles/intelsoftware-development-emulator.html。
㊄ 收集屋顶线数据的方法之间的更详细比较请见 https://crd.lbl.gov/assets/Uploads/ECP20Roofline-4-cpu.pdf。

进展。这是一个迭代过程，可以指导开发者优化应用程序以更充分地利用硬件资源。图 26 反映了代码清单 8 的代码进行两次代码转换后的性能提升效果，两次代码转换如下：

- 交换最内层的两个循环（交换第 4 行和第 5 行），这样可以实现缓存友好的内存访问（请见 8.1 节）。
- 使用 AVX2 指令向量化最内层循环。

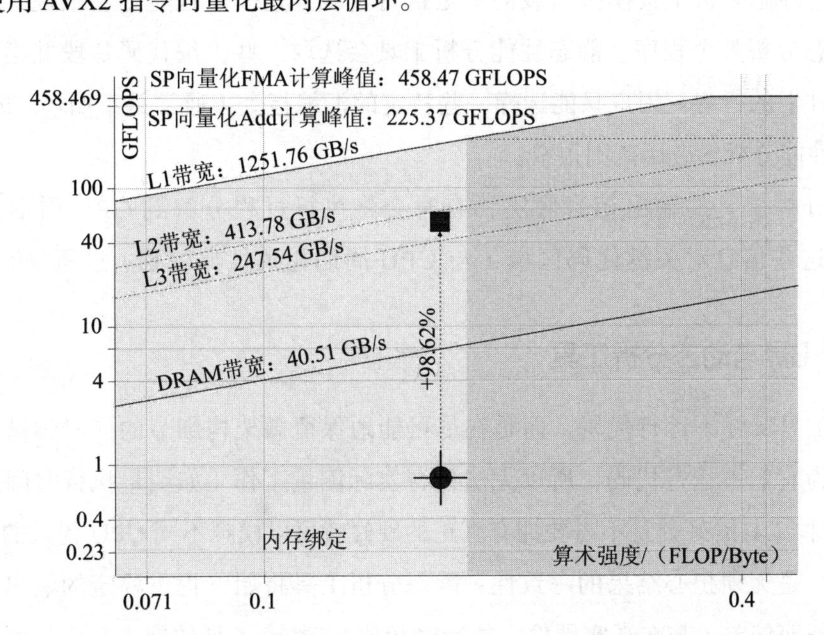

图 26　在 8 GB RAM 的 Intel NUC Kit NUC8i5BEH 计算机上使用 clang10 编译的矩阵乘法屋顶线分析

总而言之，屋顶线性能模型有助于：

- 识别性能瓶颈。
- 指导软件优化。
- 确定何时优化已经达到了极限。
- 评估与机器能力相关的性能。

5.6　静态性能分析

今天我们拥有广泛的静态代码分析工具。对于 C 和 C++ 语言，我们有诸如 Clang Static Analyzer、Klocwork 和 Cppcheck 等众所周知的工具，它们旨在检查代码的正确性和语义。同样，也有一些工具试图解决代码的性能问题。静态性能分析器不运行实际代码而是模拟代码运行，就好像它是在真实的硬件上执行一样。静态准确地预测性能几乎是不可能的，因此这种类型的分析有很多限制。

首先，不可能静态分析 C/C++ 代码的性能，因为我们不知道它将被编译成什么样的机器码。因此，静态性能分析更适用于汇编代码。

其次，静态分析工具模拟负载而不是执行负载。这个过程显然会很慢，所以我们不可能静态分析整个程序。静态性能分析工具会选取一些汇编代码片段并尝试预测它在真实硬件上的行为。用户只能选择一些特定的汇编指令（通常是小循环）进行分析，所以静态性能分析的应用范围很窄。

静态分析工具的输出相当底层，有时会将执行过程分解到 CPU 周期。开发者通常利用这些信息对关键代码区域（与 CPU 周期相关性比较强）进行细粒度调整。

静态分析工具与动态分析工具

静态工具实际不运行代码，而是在尽可能地保留微架构细节的同时尝试模拟执行过程。因为它们不运行代码，所以无法进行实际测量工作（如测量执行时间和性能计数器）。这种工具的好处是不需要拥有真正的硬件就可以模拟不同 CPU 代系的代码。另一个好处，是无须担心结果的一致性：静态分析工具将始终提供稳定的输出，因为模拟不会有任何偏差（与在真实硬件上执行时相比）。静态工具的缺点是它们通常无法预测和模拟现代 CPU 中的所有内容：它们使用的某些模型中可能存在错误和限制。静态性能分析工具有 IACA[⊖]和 llvm-mca[⊜]。

动态工具基于在真实硬件上运行的代码并收集执行过程的各种信息，这是证明性能假设的唯一 100% 可靠的方法。动态工具也有不好的一面：首先，通常需要具有访问特权才能收集诸如 PMC 之类的底层性能数据；其次，编写好的基准测试程序并衡量想要衡量的指标并不总是那么容易；最后，需要过滤噪声和各种副作用。动态性能

⊖ https://software.intel.com/en-us/articles/intel-architecture-code-analyzer。2019 年 4 月，这些工具的生命周期已经结束，不再提供技术支持。

⊜ https://llvm.org/docs/CommandGuide/llvm-mca.html。

分析工具有 Linux `perf`、likwid[一]和 uarch-bench[二]，这些工具的使用方法和输出示例可在 easyperf 博客[三]上找到。

https://github.com/MattPD/cpplinks/blob/master/performance.tools.md#microarchitecture 提供了大量用于静态和动态微架构性能分析的工具。

> **个人经验** 每当需要探索一些有趣的 CPU 微架构效果时，我都会使用这些工具。静态和底层动态分析工具（如 likwid 和 uarch-bench）可以让我们在进行性能实验时观察实际硬件效果，这在理解 CPU 工作原理方面非常有帮助。

5.7 编译器优化报告

当今，软件开发在很大程度上依赖编译器来进行性能优化，所以编译器在提升软件性能方面起着非常重要的作用。通常，开发者将这项工作交给编译器来完成，只有当看到编译器无法完成的改进机会时才会进行干预。公平地讲，这是一个很好的默认策略。为了更好地与开发者进行交互，编译器提供了性能优化报告，开发者可以使用这些报告进行性能分析。

有时，我们想知道某个函数是否被内联，或者某个循环是否被向量化、展开等。如果循环被展开，展开因子是多少？一种比较困难的分析方法是分析生成的汇编指令。但是，并不是所有人都喜欢阅读汇编代码。如果函数比较大，这可能会特别困难，因为可能会调用其他函数或者包含许多同样被向量化的循环，甚至包含编译器创建的同一循环的多个版本。幸运的是，包括 GCC、ICC 和 Clang 在内的大多数编译器都提供了优化报告，供开发者检查编译器对特定代码段做了哪些优化。Intel ISPC[四]编译器（更多信息请见 8.2.3.7 节）提供了另一个优化建议样例，它会针对被编译为相对低效代码的代码结构体生成大量性能警告。

代码清单 9 展示了一个未被 Clang 6.0 向量化的循环示例。

[一] https://github.com/RRZE-HPC/likwid。

[二] https://github.com/travisdowns/uarch-bench。

[三] https://easyperf.net/blog/2018/04/03/Tools-formicroarchitectural-benchmarking。

[四] https://ispc.github.io/ispc.html。

代码清单 9 a.c

```
1 void foo(float* __restrict__ a,
2          float* __restrict__ b,
3          float* __restrict__ c,
4          unsigned N) {
5   for (unsigned i = 1; i < N; i++) {
6     a[i] = c[i-1]; // value is carried over from previous iteration
7     c[i] = b[i];
8   }
9 }
```

用 Clang 编译器生成优化报告需要使用 `-Rpass*` 参数：

```
$ clang -O3 -Rpass-analysis=.* -Rpass=.* -Rpass-missed=.* a.c -c
a.c:5:3: remark: loop not vectorized [-Rpass-missed=loop-vectorize]
  for (unsigned i = 1; i < N; i++) {
  ^
a.c:5:3: remark: unrolled loop by a factor of 4 with run-time trip count
    [-Rpass=loop-unroll]
  for (unsigned i = 1; i < N; i++) {
  ^
```

通过检查上面的优化报告，可以看到循环没有被向量化而是被展开了。对开发者来说，在代码清单 9 第 5 行的循环中识别是否存在向量依赖项并不容易。`c[i-1]` 加载的值取决于上次迭代保存的值（见图 27 中的 2 号和 3 号操作），可通过手动展开循环的前几次迭代来揭示依赖关系：

```
// iteration 1
  a[1] = c[0];
  c[1] = b[1]; // writing the value to c[1]
// iteration 2
  a[2] = c[1]; // reading the value of c[1]
  c[2] = b[2];
...
```

如果对代码清单 9 中的代码进行向量化，则会导致在数组 `a` 中写入错误的值。假设一个 CPU SIMD 单元一次可以处理 4 个浮点数，我们将得到可用如下伪代码来表达的代码：

```
// iteration 1
  a[1..4] = c[0..3]; // oops, a[2..4] get the wrong values
  c[1..4] = b[1..4];
...
```

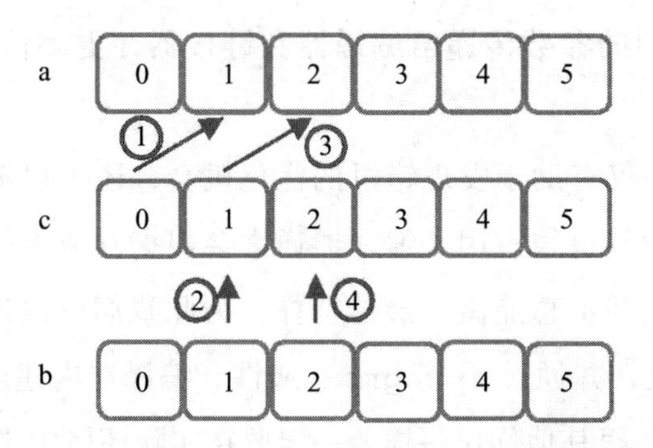

图 27　代码清单 9 中操作顺序的可视化展示

代码清单 9 中的代码不能向量化，因为循环内的操作顺序很关键。该问题可通过交换第 6 行和第 7 行来解决[一]并且不会改变原函数的语义，如代码清单 10 所示。更多有关使用编译器优化报告发现向量化机会的例子，请见 8.2.3 节。

代码清单 10　a.c

```
1 void foo(float* __restrict__ a,
2          float* __restrict__ b,
3          float* __restrict__ c,
4          unsigned N) {
5   for (unsigned i = 1; i < N; i++) {
6     c[i] = b[i];
7     a[i] = c[i-1];
8   }
9 }
```

在优化报告中，我们可以看到循环现在已经被向量化了：

```
$ clang -O3 -Rpass-analysis=.* -Rpass=.* -Rpass-missed=.* a.c -c
a.cpp:5:3: remark: vectorized loop (vectorization width: 4, interleaved
    count: 2) [-Rpass=loop-vectorize]
  for (unsigned i = 1; i < N; i++) {
  ^
```

编译器报告是按源文件生成的，输出的报告可能非常大，用户可在输出报告中简便地搜索感兴趣的源代码行。Compiler Explorer[二]网站有针对基于 LLVM 的编译器的“优化输出”工具，当鼠标悬停在代码行上时，这些工具会报告执行过的转换。

在 LTO[三]模式下，链接阶段会发生一些优化。为了从编译阶段和链接阶段生成编

[一] 或者通过将循环拆分为两个单独的循环来改进代码。

[二] https://godbolt.org/。

[三] Link-Time Optimization，链接时间优化，也称为过程间优化（InterProcedural Optimization，IPO）。

译器报告，应该将专门的参数传递给编译器和链接器，更多信息请见LLVM“备注”（Remarks）指南[1]。

编译器优化报告不仅有助于发现错过的优化机会，还可以解释发生这种情况的原因，而且对测试优化假设也很有用。编译器通常会根据其成本模型分析结果来确定某种转换是否有益，但它并不总能做出最佳选择，为此我们可以进一步调优。我们可以检查报告中错过的优化，并通过 `#pragma`、属性、编译器内建函数等提示编译器，示例请见easyperf博客[2]。跟其他优化一样，一定要在实际环境中进行测量才能验证假设。

> **个人经验** 编译器优化报告应该成为你工具箱中的关键工具之一，它能快速检查是否对特定热点代码进行了优化以及一些重要的优化是否失败了。使用编译器优化报告可以发现很多改进机会。

5.8 本章总结

- 时延和吞吐量通常是衡量程序性能的最终指标。在探索改进它们的方法时，我们需要获得应用程序运行的详细信息。硬件和软件都可以提供可用于性能监控的数据。
- 代码插桩可以帮助我们跟踪程序中的许多内容，但在开发和运行方面都会有相对较大的开销。虽然如今开发者并不经常手动插桩代码，但该方法仍然适用于自动化流程，例如PGO。
- 跟踪在概念上类似于代码插桩，有助于探索系统中的异常。跟踪可以捕获完整的事件序列，且每个事件都附有时间戳。
- 负载表征是一种根据运行时行为比较和分组应用程序的方法，负载被表征后就可以遵循特定的方法来找到程序的优化空间。
- 采样会跳过程序执行的大部分时间，只取一个假定可以代表整个采样间隔的样本，但是它仍然能给出足够精确的样本分布。最著名的采样用例是查找代码中的热点。因为采样不需要重新编译程序并且运行时开销很小，所以它是非常流

---

[1] https://llvm.org/docs/Remarks.html。

[2] https://easyperf.net/blog/2017/11/09/Multiversioning _by_trip_counts。

行的性能分析方法。

- 通常，计数和采样会产生非常低的运行时开销（通常低于2%）。如果在不同事件之间进行多路复用，计数的开销就会变得更高（开销为5%～15%），而随着采样频率的增加，采样的开销也会变得更高（Nowak & Bitzes，2014）。当分析长时间运行的负载或者不需要非常精确的数据时，可以考虑使用用户模式采样。
- 屋顶线模型是一种面向吞吐量的性能模型，广泛应用于高性能计算领域。它根据硬件限制绘制应用程序的性能，有助于识别性能瓶颈，指导软件优化和跟踪优化进度。
- 有些工具试图静态地分析代码的性能，它们模拟代码片段执行而不是真正地执行代码片段。这种方法有许多限制和约束，但是作为回报你可以获得一份非常详细的底层分析报告。
- 编译器优化报告有助于找到错过的编译器优化点，可以指导开发者构建新的性能实验。

Chapter 6 第6章

性能分析相关的CPU特性

性能分析的终极目标是找到性能瓶颈，并定位到与之相关的代码段。不幸的是，并没有预定的步骤可以让人们遵循，人们只能通过不同的方法来处理。

通常，性能剖析可以快速地让人了解应用程序热点。有时，性能剖析是开发者解决性能问题的唯一手段，尤其是针对较高层次性能问题。例如，假设要对包含感兴趣的特定函数的应用程序进行性能剖析。根据你的预期，这个函数很少被调用，但是当你打开性能剖析文件时，发现它占执行时间的很大比例并且被调用了很多次。基于这些信息，你可以使用类似缓存的方式减少对这个函数的调用次数，进而获得显著的性能提升。

然而，即使解决了所有的主要性能问题，你仍然需要进一步提升应用程序性能，此时只有类似某个函数执行时间的基本信息是不够的。这时，你需要从CPU角度获得额外的信息以挖掘性能瓶颈。因此，在使用本章介绍的方法前，请确保要优化的应用程序已经解决了主要的性能缺陷。如果没有解决这些主要的性能问题，使用CPU性能监控特性来进行底层调优是没有意义的，这会把你引向错误的方向，而不是解决高层的性能问题，你将调试错误的代码，只会浪费时间。

个人经验 当进行性能优化工作时，我通常会先剖析应用程序，进而获取基准测试的热点，希望在热点处发现一些蛛丝马迹。它们经常引导我做随机实验，比如循环展开、向量化、内联等。我不想说这是个会经常失败的策略，因为有时也会比较幸运，通过随机实验获得比较大的性能提升。但是，这通常要求你有非常好的直觉和运气。

现代CPU持续地添加新的特性，这些特性用不同的方式增强性能分析。使用这些特性可以大大简化找到底层问题（例如缓存未命中、分支预测错误等底层问题）的方法。本章将介绍一些现代Intel CPU的硬件性能监控功能。其他CPU厂商（如AMD、ARM等）的CPU，也有类似的功能。

- 自顶向下微架构分析（Top-Down Microarchitecture Analysis，TMA）是一种识别应用程序低效使用CPU微架构的强大技术。它能识别负载的瓶颈，并能定位出现问题的代码的具体位置。它封装了CPU微架构中复杂的技术点，使得即使没有相关经验的开发者也能很容易地使用它。
- 最后分支记录（Last Branch Record，LBR）是一种在执行程序的同时连续记录最新分支结果的机制。它经常用来采集调用栈，识别热点分支，计算每个分支的错误预测率等。
- 基于处理器事件的采样（Processor Event-Based Sampling）是一种增强的采样技术。它的主要优势有降低采样开销和提供"精确事件"的能力。"精确事件"可以定位导致特定性能事件的具体指令。
- Intel处理器追踪（Processor Trace，PT）是一种基于每条指令的时间戳记录和重建程序执行过程的工具，它的主要用途是对性能故障进行事后分析和根因定位。

上面提到的这些特性从CPU视角提供了观察程序效率以及如何使程序对CPU更友好的洞见。性能剖析工具可以利用它们来提供不同类型的性能分析方法。

6.1　自顶向下微架构分析技术

TMA是识别程序CPU性能瓶颈的一种非常强大的技术，它稳健而规范，即使是没有经验的开发者也能很容易地使用。这种技术的最大好处是，不需要开发者对CPU的微架构和PMC有深入的理解，就能有效地找到CPU性能瓶颈。但是它不能自动解决问题，否则，本书也就没有存在的必要了。

从更高的角度来讲，TMA 能够识别程序中每个热点停滞执行的原因。导致停滞的瓶颈可能跟前端绑定、后端绑定、退休、错误投机有关。图 28 描述了 TMA 性能瓶颈分类概念，我们来简单介绍一下如何解读该图。根据第 3 章，我们知道 CPU 中有内部缓冲区，它们持续跟踪正在执行的指令的信息。只要新的指令被取指或译码，都会在这些缓冲区中记录新的条目。如果在指定执行周期中指令对应的微操作没有被分配，可能有两种原因：不能对它进行取指和译码（前端绑定）；后端负载过重导致无法为新的微操作分配资源（后端绑定）。被分配和调度执行但没有退休的微操作跟错误投机相关，例如，一些已经被投机执行的指令，但是后来被证明跑在错误的程序路径上，因此最终并没有退休。最后一种就是退休，是我们希望全部的微操作都能达到的状态，但也有例外，例如，非向量化代码的高退休率可能是需要用户对代码进行向量化的很好提示（见 8.2.3 节）。当然，也存在另一种场景：对非规范的浮点值进行操作会导致程序极慢，此时，我们会发现即使退休率高，但是整体性能却很差（见 10.4 节）。

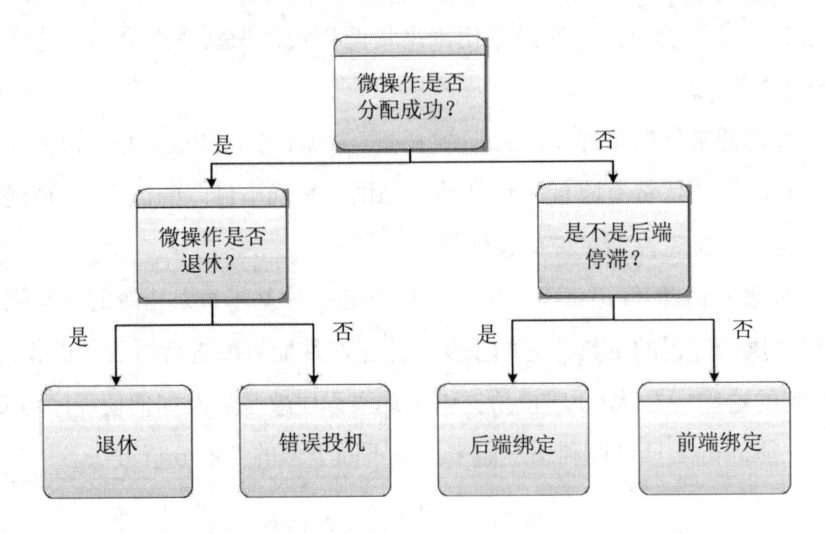

图 28　TMA 性能瓶颈分类概念［© 图片来自（Yasin，2014）］

图 28 给出了程序中每条指令的细分。然而，分析负载中的每条指令肯定是没必要的，当然 TMA 也不会这样做。相反，我们通常想从整体的角度知道是什么导致了程序的停滞。为了完成这个目标，TMA 通过采集特定指标（如 PMC 的比率）来观察程序的执行情况。基于这些指标，它通过将应用程序关联到某个分类来表征其类型。每个分类中都嵌套更细的分类（见图 29），可以更好地细分程序中的 CPU 性能瓶颈。我们多

次运行被测试程序[一]，每次都关注特定的指标并向下钻，直到找到更详细的性能瓶颈分类。例如，一开始我们只收集四个主要类别（前端绑定、后端绑定、退休和错误投机）相关的指标。假设我们发现程序执行过程存在大比例由内存访问导致的停滞（即属于后端绑定）。下一步就是再跑一遍这个程序，同时只收集内存绑定分类相关的指标（向下钻）。重复这个过程，直到找到确切的根因，比如L3缓存绑定。

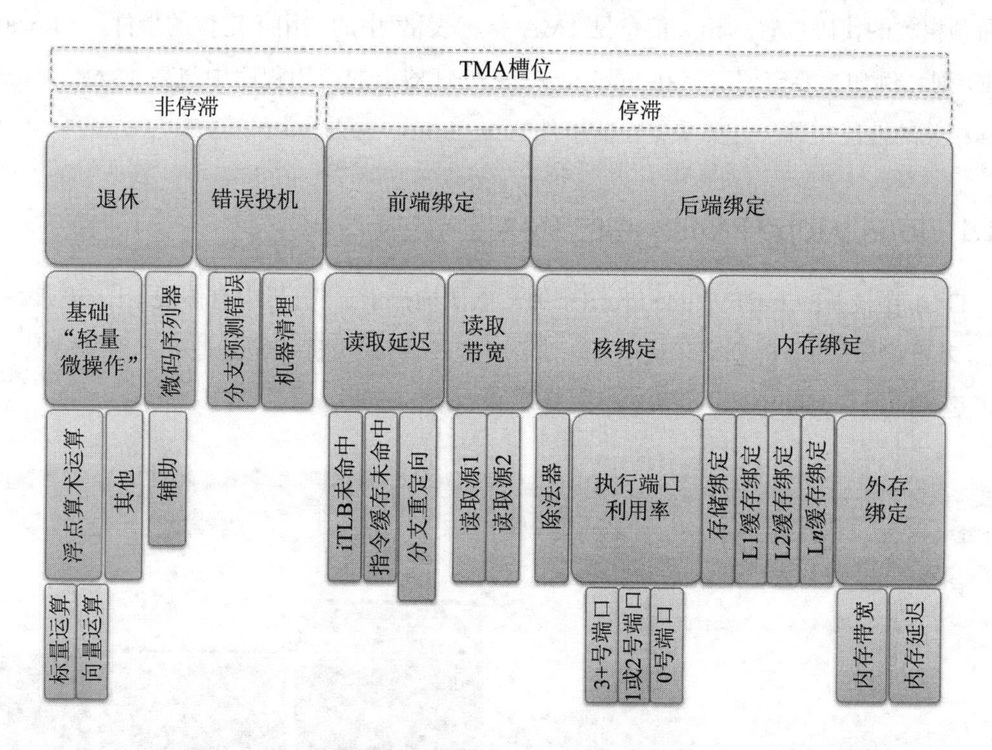

图29 TMA性能瓶颈层级结构（© 图片来自Ahmad Yasin）

在真实的应用场景中，性能可能受限于多种因素。例如，它可能同时存在大量的分支预测错误（错误投机）和缓存未命中（后端绑定）。在这种情况下，TMA需要同时向下钻取多个类别，并确定每个类别瓶颈对程序性能的影响。分析工具（如Intel VTune Profiler、AMD uprof和Linux perf）可以在一次基准测试运行中计算所有相关指标[二]。

前两层的TMA指标都是通过所有流水线槽位（见4.5节）利用率来表示的，这些

[一] 实际上，跑一次负载程序就可以采集到TMA需要的所有指标。剖析工具可以通过多路复用技术实现一次运行采集多个PMU信息（见5.3.3节）。

[二] 只有在负载程序表现稳定的情况下才是可行的，否则，最好还是采用多次运行的策略，每次运行向下钻取一层。

指标都可以在程序运行时获得。考虑处理器的全部带宽即可让 TMA 给出 CPU 微架构的利用率的准确表达。

在确定程序的性能瓶颈后，我们更感兴趣的是发生瓶颈的具体代码位置。TMA 的第二阶段是准确定位出现问题的代码行和汇编指令。该分析方法论提供了分析每类性能问题所需的确切 PMC，开发者可以使用给出的具体 PMC 寻找与第一阶段确定的关键性能瓶颈相关的代码位置。相关信息见 TMA 指标表格[㊀]中的“用于定位的事件”（Locate-with）列。例如，要定位运行在 Intel Skylake 处理器上的应用程序中与高 `DRAM_Bound` 指标相关的性能瓶颈，需要采集性能事件 `MEM_LOAD_RETIRED.L3_MISS_PS`。

6.1.1 Intel VTune Profiler 中的 TMA

TMA 在最新的 Intel VTune Profiler 的“微架构探索”[㊁]分析中有体现。图 30 展示了 7-zip 基准测试[㊂]的分析总结。从图可以看到，CPU 错误投机（尤其是分支预测错误）导致了显著的执行时间浪费。

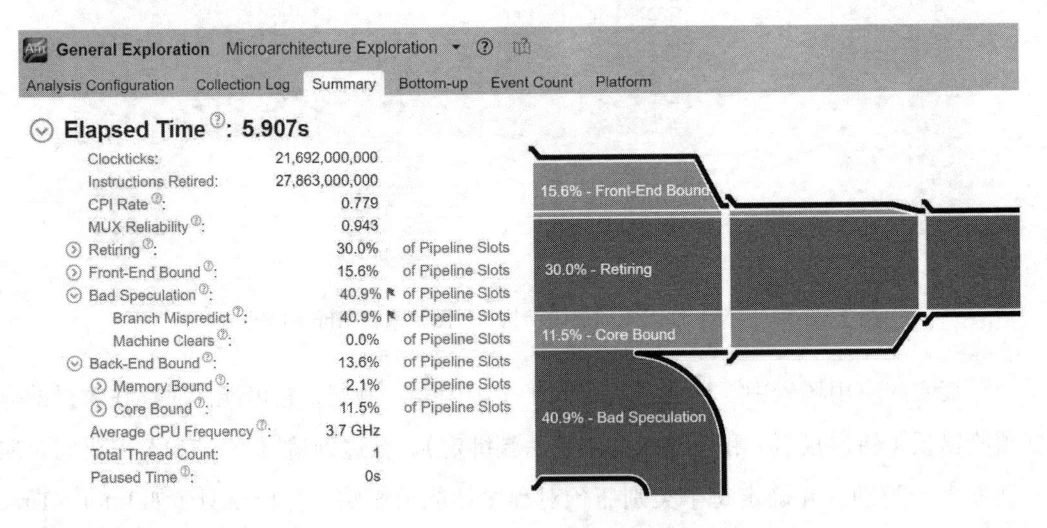

图 30 Intel VTune Profiler“微架构探索”分析

㊀ https://download.01.org/perfmon/TMA_Metrics.xlsx。

㊁ https://software.intel.com/en-us/vtune-help-general-explorationanalysis。在 Intel VTune Profiler 2019 年以前的版本中，该功能被称为“通用探索”分析。

㊂ https://github.com/llvm-mirror/test-suite/tree/master/MultiSource/Benchmarks/7zip。

该工具的精妙之处就是你可以单击自己感兴趣的指标，它可以展示与该指标相关的函数。例如，单击错误投机指标，你将会看到图 31 展示的内容[⊖]。

General Exploration　Microarchitecture Exploration

Analysis Configuration　Collection Log　Summary　Bottom-up　Event Count　Platform

Grouping: Function / Call Stack

Function / Call Stack	CPU Time	Clockticks	Instructions Retired	CPI Rate	Retiring	Front-E...	Bad Speculation ▼	Back-End Bound
LzmaDec_DecodeReal2	2.883s	10,608,000,000	13,685,000,000	0.775	44.0%	0.0%	72.1%	0.
Bt4_MatchFinder_GetMatches	1.507s	5,304,000,000	3,196,000,000	1.660	7.1%	37.7%	25.9%	29.
LzmaEnc_CodeOneBlock	1.021s	3,995,000,000	8,279,000,000	0.483	31.3%	100.0%	15.6%	0.
CrcUpdateT4	0.130s	493,000,000	833,000,000	0.592	67.6%	0.0%	0.0%	32.
LenEnc_Encode2	0.060s	102,000,000	272,000,000	0.375	0.0%	100.0%	0.0%	0.
CBenchRandomGenerator::Generate	0.040s	170,000,000	357,000,000	0.476	0.0%	0.0%	0.0%	100.
FillDistancesPrices	0.040s	119,000,000	238,000,000	0.500	0.0%	100.0%	0.0%	0.
CBenchmarkInStream::Read	0.040s	170,000,000	374,000,000	0.455	100.0%	0.0%	0.0%	26.
clear_page_c_e	0.025s	34,000,000	17,000,000	2.000	0.0%	0.0%	0.0%	100.

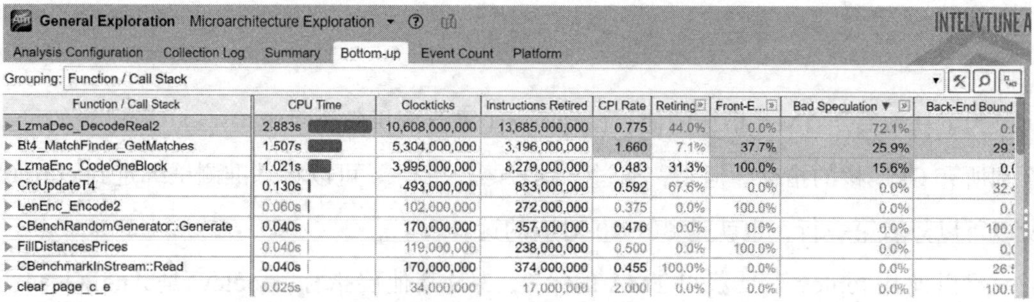

图 31 “微架构探索”自下而上（Bottom-up）视图

如果双击 `LzmaDec_DecodeReal2` 函数，Intel VTune Profiler 会展示代码视图，如图 32 所示。高亮显示的代码行对 `LzmaDec_DecodeReal2` 函数的分支预测错误贡献最大。

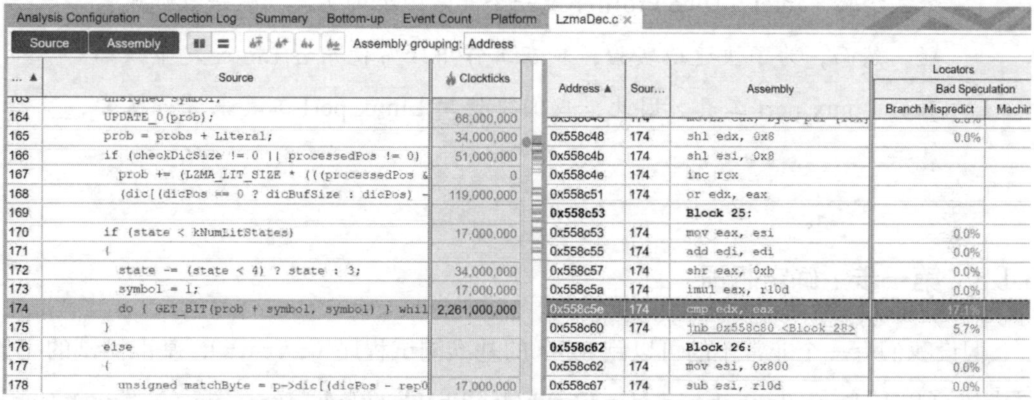

Analysis Configuration　Collection Log　Summary　Bottom-up　Event Count　Platform　LzmaDec.c

Source　Assembly　Assembly grouping: Address

... ▲	Source	Clockticks
164	UPDATE_0(prob);	68,000,000
165	prob = probs + Literal;	34,000,000
166	if (checkDicSize != 0 || processedPos != 0)	51,000,000
167	prob += (LZMA_LIT_SIZE * (((processedPos &	0
168	(dic[(dicPos == 0 ? dicBufSize : dicPos) -	119,000,000
169		
170	if (state < kNumLitStates)	17,000,000
171	{	
172	state -= (state < 4) ? state : 3;	34,000,000
173	symbol = 1;	17,000,000
174	do { GET_BIT(prob + symbol, symbol) } whil	2,261,000,000
175	}	
176	else	
177	{	
178	unsigned matchByte = p->dic[(dicPos - rep0	17,000,000

Address ▲	Sour...	Assembly	Locators / Bad Speculation / Branch Mispredict	Machir
0x558c48	174	shl edx, 0x8	0.0%	
0x558c4b	174	shl esi, 0x8		
0x558c4e	174	inc rcx		
0x558c51	174	or edx, eax		
0x558c53		Block 25:		
0x558c53	174	mov eax, esi	0.0%	
0x558c55	174	add edi, edi	0.0%	
0x558c57	174	shr eax, 0xb	0.0%	
0x558c5a	174	imul eax, r10d	0.0%	
0x558c5e	174	cmp edx, eax	17.1%	
0x558c60	174	jnb 0x558c80 <Block 28>	5.7%	
0x558c62		Block 26:		
0x558c62	174	mov esi, 0x800	0.0%	
0x558c67	174	sub esi, r10d	0.0%	

图 32 “微架构探索”源代码和汇编指令视图

6.1.2 Linux perf 中的 TMA

从 Linux 内核 4.8 开始，perf 增加了一个 `--topdown` 参数，它可用在 `perf stat` 命令[⊜]中，从而打印 TMA 第一层指标，该层只有 4 个类别：

⊖ TMA 指标的函数级视图是 Intel VTune Profiler 独有的特性。

⊜ http://man7.org/linux/man-pages/man1/perf-stat.1.html#STAT_REPORT。

```
$ perf stat --topdown -a -- taskset -c 0 ./7zip-benchmark b
       retiring  bad speculat  FE bound  BE bound
S0-C0    30.8%      41.8%         8.8%      18.6%  <==
S0-C1    17.4%       2.3%        12.0%      68.2%
S0-C2    10.1%       5.8%        32.5%      51.6%
S0-C3    47.3%       0.3%         2.9%      49.6%
...
```

为了获取高层 TMA 指标的值，Linux perf 需要剖析整个系统（-a），所以我们可以看到所有 CPU 核的指标。但是，通过 taskset -c 0 可以将基准测试绑定到 core 0，所以可以只看第一行，也就是 S0-C0 对应的这一行。

可以使用 toplev 工具获得 TMA 的第 2、3 及其他层指标，toplev[一]是 AndiKleen 开发的 pmu-tools[二]工具的一部分。它用 Python 实现，主要是通过封装和调用 Linux perf 工具来实现的。toplev 使用示例见下一节。使用 toplev 需要对 Linux 内核进行专门的设置，具体方法详见 toplev 的说明文档。为了更好地展示 TMA 的工作流，下一节将展示如何使用 TMA 一步步优化内存绑定应用程序的性能。

> **个人经验** Intel VTune Profiler 是一个非常强大的工具，这一点毋庸置疑。然而，为了快速地实验，我在工作中经常使用各 Linux 发布版都有的 Linux perf 工具。因此，我们将使用 Linux perf 工具来进行探索展示。

6.1.3 第一步：确定瓶颈

假设我们有一个非常小的可以跑 8.5 s 的基准测试程序（a.out），基准测试的完整源代码可以从 https://github.com/dendibakh/dendibakh.github.io/tree/master /_posts/code/TMAM 获得。

```
$ time -p ./a.out
real 8.53
```

首先，执行程序并采集指定的指标以帮助我们表征它，也就是尝试检测应用程序

[一] https://github.com/andikleen/pmu-tools/wiki/toplev-manual。

[二] https://github.com/andikleen/pmu-tools。

属于哪个类别。下面是基准测试程序的第一层指标[一]：

```
$ ~/pmu-tools/toplev.py --core S0-C0 -l1 -v --no-desc taskset -c 0 ./a.out
...
# Level 1
S0-C0  Frontend_Bound:    13.81 % Slots
S0-C0  Bad_Speculation:    0.22 % Slots
S0-C0  Backend_Bound:     53.43 % Slots <==
S0-C0  Retiring:          32.53 % Slots
```

注意，进程被绑定到了CPU0（使用`taskset -c 0`），并且toplev的输出也被限定在这个核上（`--core S0-C0`）。查看输出，我们可以发现应用程序的性能是被CPU后端限定了。现在先不去分析它，我们再往下钻一层[二]：

```
$ ~/pmu-tools/toplev.py --core S0-C0 -l2 -v --no-desc taskset -c 0 ./a.out
...
# Level 1
S0-C0  Frontend_Bound:                  13.92 % Slots
S0-C0  Bad_Speculation:                  0.23 % Slots
S0-C0  Backend_Bound:                   53.39 % Slots
S0-C0  Retiring:                        32.49 % Slots
# Level 2
S0-C0  Frontend_Bound.FE_Latency:       12.11 % Slots
S0-C0  Frontend_Bound.FE_Bandwidth:      1.84 % Slots
S0-C0  Bad_Speculation.Branch_Mispred:  0.22 % Slots
S0-C0  Bad_Speculation.Machine_Clears:  0.01 % Slots
S0-C0  Backend_Bound.Memory_Bound:      44.59 % Slots <==
S0-C0  Backend_Bound.Core_Bound:         8.80 % Slots
S0-C0  Retiring.Base:                   24.83 % Slots
S0-C0  Retiring.Microcode_Sequencer:     7.65 % Slots
```

我们发现基准测试程序的性能被内存访问限定了，几乎有一半的CPU运行资源都被浪费在了等待内存请求完成上。现在，我们再往下钻一层[三]：

```
$ ~/pmu-tools/toplev.py --core S0-C0 -l3 -v --no-desc taskset -c 0 ./a.out
...
# Level 1
S0-C0    Frontend_Bound:                   13.91 % Slots
S0-C0    Bad_Speculation:                   0.24 % Slots
S0-C0    Backend_Bound:                    53.36 % Slots
S0-C0    Retiring:                         32.41 % Slots
```

[一] 为适应纸张大小，输出进行了截断处理，所以不要太在意输出结果展示的格式是否标准。

[二] 还可以使用`-l1--nodes Core_Bound, Memory_Bound`参数（而不是使用`-l2`参数）来限制指标的采集范围，因为通过第一层指标我们已经知道该应用程序是被CPU后端阻塞的。

[三] 还可以使用`-l2--nodes L1_Bound、L2_Bound、L3_Bound、DRAM_Bound、Store_Bound、Divider`和`Ports_Utilization`参数（而不是`-l3`参数）以限制采集范围，因为根据第二层指标我们已经知道应用程序是被内存阻塞的。

```
# Level 2
S0-C0    FE_Bound.FE_Latency:               12.10 % Slots
S0-C0    FE_Bound.FE_Bandwidth:              1.85 % Slots
S0-C0    BE_Bound.Memory_Bound:             44.58 % Slots
S0-C0    BE_Bound.Core_Bound:                8.78 % Slots
# Level 3
S0-C0-T0 BE_Bound.Mem_Bound.L1_Bound:      4.39 % Stalls
S0-C0-T0 BE_Bound.Mem_Bound.L2_Bound:      2.42 % Stalls
S0-C0-T0 BE_Bound.Mem_Bound.L3_Bound:      5.75 % Stalls
S0-C0-T0 BE_Bound.Mem_Bound.DRAM_Bound:   47.11 % Stalls <==
S0-C0-T0 BE_Bound.Mem_Bound.Store_Bound:  0.69 % Stalls
S0-C0-T0 BE_Bound.Core_Bound.Divider:      8.56 % Clocks
S0-C0-T0 BE_Bound.Core_Bound.Ports_Util: 11.31 % Clocks
```

我们发现性能瓶颈在 DRAM_Bound，这告诉我们很多内存访问在所有层级的缓存中都没有命中，并且最终走到了主存。如果采集了基准测试程序的全部 L3 缓存未命中（但 DRAM 命中）的绝对数量，我们也可以通过它来确认。对于 Skylake CPU 架构，DRAM_Bound 指标是通过 CYCLE_ACTIVITY.STALLS_L3_MISS 性能事件计算的。我们通过如下代码采集它：

```
$ perf stat -e cycles,cycle_activity.stalls_l3_miss -- ./a.out
  32226253316  cycles
  19764641315  cycle_activity.stalls_l3_miss
```

根据 CYCLE_ACTIVITY.STALLS_L3_MISS 的定义，它统计了当 L3 缓存未命中未完成预期加载而导致执行阻塞的 CPU 周期数。我们可以看到，有大约 60%CPU 的周期数都是这种类型的，这会导致性能很差。

6.1.4 第二步：定位具体的代码位置

作为 TMA 流程中的第二步，我们需要定位瓶颈发生最频繁的代码位置。为了达到这个目的，我们需要使用 PMU 事件采集程序负载，这些 PMU 事件与第一步中确定的瓶颈类型相关。

查找此类事件的推荐方法是，使用带 --show-sample 选项运行 toplev 工具，它会给出 perf record 命令行，以定位这个问题。为了帮助大家理解 TMA 机制，我们也会展示手动查找特定性能瓶颈对应的 PMU 事件的方法。性能瓶颈与找出性能瓶颈代码位置的 PMU 事件之间的对应关系，可以通过前面提到的 TMA 指标表格[⊖]查找。表格

⊖ https://download.01.org/perfmon/TMA_Metrics.xlsx。

中 Locate-with 列包含了可以用于定位之间的出现问题的代码行的 PMU 事件。在这个例子中，为了找到导致高 `DRAM_Bound` 指标（L3 缓存未命中）的内存访问，根据上面的方法我们需要采样 `MEM_LOAD_RETIRED.L3_MISS_PS` 事件：

```
$ perf record -e cpu/event=0xd1,umask=0x20,name=MEM_LOAD_RETIRED.L3_MISS/ppp
   ./a.out

$ perf report -n --stdio
...
# Samples: 33K of event 'MEM_LOAD_RETIRED. L3_MISS'
# Event count (approx.): 71363893
# Overhead   Samples  Shared Object      Symbol
# ........  ......... ................. .................
#
    99.95%    33811   a.out       [.] foo
     0.03%       52   [kernel]    [k] get_page_from_freelist
     0.01%        3   [kernel]    [k] free_pages_prepare
     0.00%        1   [kernel]    [k] free_pcppages_bulk
```

L3 缓存未命中主要是由可执行文件 `a.out` 中 `foo` 函数的内存访问导致的。为了避免编译器优化，函数 `foo` 是用汇编语言实现的，见代码清单 11 。基准测试程序的“驱动”部分在主函数 `main` 中实现，见代码清单 12 。我们分配一个充分大的数组 `a`，以使它不能被 L3 缓存[㊀]完全包含。基准测试程序为数组 `a` 随机生成一个索引，并将它和数组 `a` 的地址一起传递给 `foo` 函数。稍后，`foo` 函数会随机读取这段内存[㊁]。

代码清单 11　函数 foo 的汇编代码

```
$ perf annotate --stdio -M intel foo
Percent |  Disassembly of a.out for MEM_LOAD_RETIRED.L3_MISS
------------------------------------------------------------
        :  Disassembly of section .text:
        :
        :  0000000000400a00 <foo>:
        :  foo():
   0.00 :    400a00:  nop  DWORD PTR [rax+rax*1+0x0]
   0.00 :    400a08:  nop  DWORD PTR [rax+rax*1+0x0]
                  ...
 100.00 :    400e07:  mov  rax,QWORD PTR [rdi+rsi*1] <==
                  ...
   0.00 :    400e13:  xor  rax,rax
   0.00 :    400e16:  ret
```

通过代码清单 11，我们可以看到 `foo` 函数中所有的 L3 缓存未命中都集中在一

㊀ 作者使用的计算机（Intel（R）Xeon（R）Platinum 8180 CPU）的 L3 缓存大小是 38.5 MB。

㊁ 根据 x86 调用约定，前 2 个参数分别位于 `rdi` 和 `rsi` 寄存器中。

条指令中。现在，我们知道了哪条指令导致如此多的 L3 缓存未命中，接着我们试着解决它吧！

代码清单 12 主函数 main 的代码

```
extern "C" { void foo(char* a, int n); }
const int _200MB = 1024*1024*200;
int main() {
  char* a = (char*)malloc(_200MB); // 200 MB buffer
  ...
  for (int i = 0; i < 100000000; i++) {
    int random_int = distribution(generator);
    foo(a, random_int);
  }
  ...
}
```

6.1.5 第三步：解决问题

因为在获取将要访问的地址和实际加载指令之间有个时间窗口，所以我们可以像代码清单 13 这样添加一个预取提示㊀给编译器。在 8.1.2 节，我们将介绍更多的内存预取内容。

代码清单 13 在 main 函数中增加内存预取提示

```
  for (int i = 0; i < 100000000; i++) {
    int random_int = distribution(generator);
+   __builtin_prefetch ( a + random_int, 0, 1);
    foo(a, random_int);
  }
```

该提示（__builtin_prefetch）可以减少 2 s 的执行时间，即速度加快 30%，CYCLE_ACTIVITY.STALLS_L3_MISS 事件变为原来的 1/10。

```
$ perf stat -e cycles,cycle_activity.stalls_l3_miss -- ./a.out
  24621931288      cycles
   2069238765      cycle_activity.stalls_l3_miss
      6,498080824 seconds time elapsed
```

TMA 是一个迭代过程，所以接下来我们需要从第一步开始重复这个过程。这可能会把瓶颈移到另一个类别，当前例子中是移到了“退休”类别。这是 TMA 技术工作流的一个简单展示，分析真实程序可能没有这么简单。本书后面几章是基于使用 TMA 技

㊀ _builtin_prefetch 的相关文档见 https://gcc.gnu.org/onlinedocs/gcc/Other-Builtins.html。

术的便捷性而组织的。例如，各章的节是按性能瓶颈的高层分类组织的，目的是给开发者提供一个清单，让开发者在找到性能问题后，可以参考该清单进行代码优化。例如，如果程序阻塞在了内存绑定，开发者就可以从 8.1 节寻找优化灵感。

6.1.6　小结

TMA 对发现代码中 CPU 性能瓶颈非常有用。理想情况下，当运行程序的时候，我们期望它的“退休”指标是 100%，这意味着程序充分地使用了 CPU。在简单样例程序中也许可以达到这个效果，然而，在真实的程序中远远达不到这个程度。图 33 展示了 SPEC CPU2006 基准测试[⊖]在 Skylake CPU 系列上运行的高层 TMA 指标。注意，因为 CPU 设计师在持续地优化 CPU 设计，其他 CPU 系列的数据可能是不一样的。在不同的指令集架构和编译器版本上，数据可能也是不一样的。

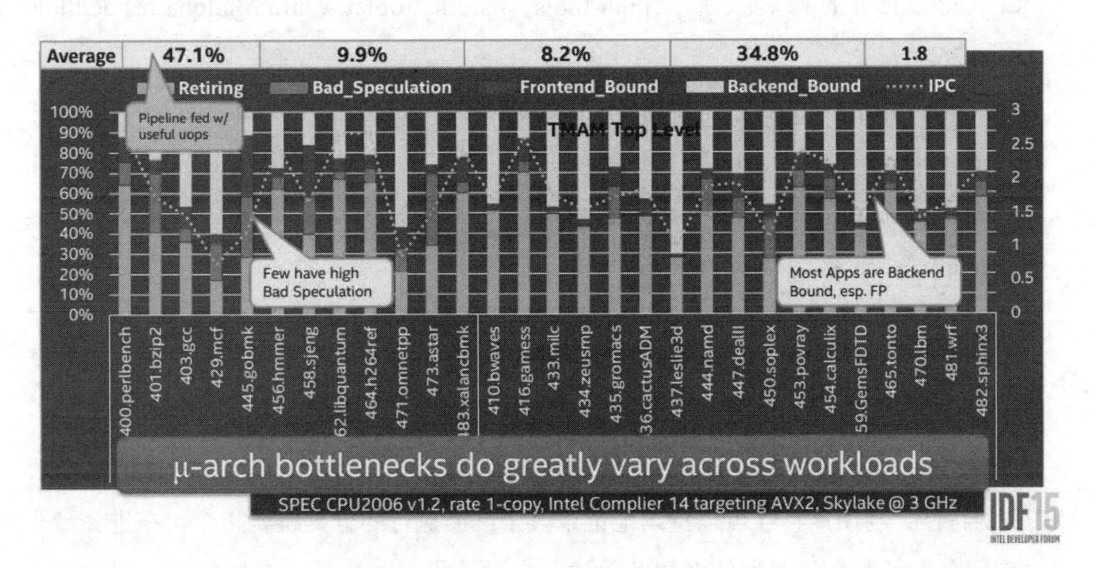

图 33　SPEC CPU2006 基准测试的高层 TMA 指标 [© 图片来自 Ahmad Yasin（http://cs.haifa.ac.il/ ～ yosi/PARC/yasin.pdf）]

不建议在有明显性能缺陷的代码上使用 TMA 方法，因为这可能误导你进入错误的方向，让你无法解决真正的高层性能问题，一直优化错误的代码，这只是浪费时间。类似地，确保不要让环境扰乱你对程序的性能剖析。例如，文件系统的缓存被清理后，

⊖ http://spec.org/cpu2006/。

通过 TMA 分析程序，很可能会将程序定为存在内存绑定瓶颈。实际上，在文件系统缓存预热后，它并不属于内存绑定类别。

TMA 提供的负载表征结果可以扩大除源代码之外的优化范围。例如，如果程序是内存绑定的，并且所有可能的软件层面的优化方法都已经验证过了，也许可以使用更快的内存提升内存子系统。这使得进行成本实验成为可能，因为这样的话，只有当你发现程序是内存绑定的并且可以由更快的内存加速时，才会花钱去买相应的内存硬件。

在写这本书时，AMD 处理器上第一层 TMA 指标表格也是可以找到的。

更多资源和链接：

- Ahmad Yasin 的论文“ A top-down method for performance analysis and counters architecture”（Yasin，2014）。
- Andi Kleen 的博客文章“ pmu-tools，part Ⅱ :toplev（http://haloba tes.de/blog/p/262）。
- toplev 手册（https://github.com/andikleen/pmu-tools/wiki/top lev-manual）。
- 理解 Intel VTune Profiler“通用探索”的工作原理（https://software.intel.com/en-us/articles/understanding-how-general-exploration-works-inintel-vtune-amplifier-xe）。

6.2 最后分支记录

现代 Intel CPU 和 AMD CPU 都有一个叫作最后分支记录（Last Brach Record，LBR）的特性，利用该特性可以持续地记录大量已经执行的分支跳转指令。在进一步介绍之前，有人可能会问，为什么如此关注分支跳转指令？这是一个好问题，因为分支控制着程序的控制流。我们可以大段地忽略基本块（见 7.2 节）中的其他指令，因为分支跳转指令总是基本块中最后一条指令。因为可以确定基本块内部的指令只会执行一次，所以我们可以只关注“代表”整个基本块的分支跳转指令。因此，如果我们记录了每个分支的输出，就有可能逐行重建程序的执行路径。实际上，这正是 Intel 处理器跟踪（Processor Trace，PT）技术所做的，我们将在 6.4 节讨论。LBR 早于 PT，在使用场景和特性上有区别。

得益于 LBR 机制，CPU 在执行程序的时候，可以并行持续地将分支信息记录到一组模型特有的寄存器（Model-Specific Register, MSR）中，并且性能损耗最小[㊀]。硬件记录每条分支跳转指令的“起始”和“终点”地址以及一些附加的元数据（见图 34）。这些寄存器像环形缓冲区，会被持续地覆写，只提供最近 32 个分支跳转输出[㊁]。如果能够采集足够长时间的起始和终点对，就可以展开程序的控制流，类似一个有限深度的调用栈。

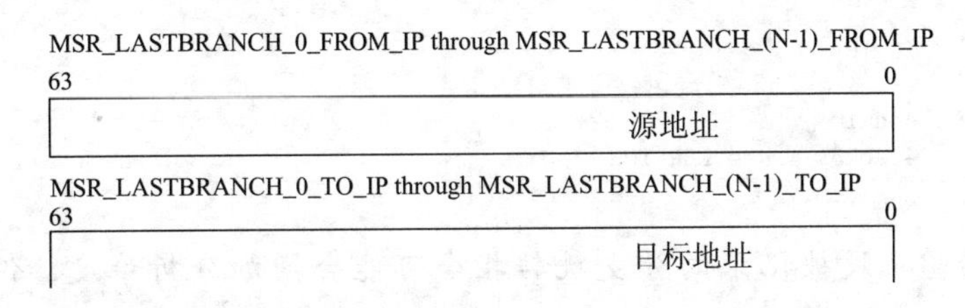

图 34　64 位 LBR MSR 地址布局 [© 图片来自（Int，2020）]

我们可以使用 LBR 对分支跳转指令进行采样，但是每次采样期间都需要查看 LBR 栈中已执行过的分支跳转指令。这可以实现比较合理的热点代码路径控制流覆盖度，并且也不会采集太多无用的信息，因为所有分支跳转指令中只有很小的一部分会被检查。需要重点注意的是，这依然是采样，并不是所有被执行分支跳转指令都能被检查到，通常 CPU 执行得太快以至于 LBR 有时并不能正常工作（Kleen，2016）。

- **最后分支记录（LBR）栈**　Skylake 系列 CPU 提供 32 对 MSR，用于记录最近执行的分支跳转指令的“起始”和“终点”地址。
- **最后分支记录栈顶（Top-of-Stack，TOS）指针**　LBR 中包含一个指向 MSR 的指针，MSR 中包含了最近记录的分支跳转指令、中断和异常信息。

需要注意的是，LBR 机制只会记录分支跳转指令信息。下面是一个例子，介绍了 LBR 栈中分支跳转指令是如何被跟踪记录的。

```
----> 4eda10:  mov    edi,DWORD PTR [rbx]
|     4eda12:  test   edi,edi
| --- 4eda14:  jns    4eda1e              <== NOT taken
| |   4eda16:  mov    eax,edi
```

㊀ 绝大部分 LBR 应用场景的运行开销小于 1%（Nowak & Bitzes，2014）。

㊁ 从 Skylake 微架构开始才是 32 位。在 Haswell 和 Broadwell 微架构 LBR 栈有 16 条目，通过 Intel 手册可以查看其他架构的信息。

```
| |    4eda18:  shl    eax,0x7
| |    4eda1b:  lea    edi,[rax+rdi*8]
| └─> 4eda1e:  call   4edb26
|      4eda23:  add    rbx,0x4
|      4eda27:  mov    DWORD PTR [rbx-0x4],eax
|      4eda2a:  cmp    rbx,rbp
 ---- 4eda2d:  jne    4eda10              <== taken
```

下面是执行 `CALL` 指令时我们期望在 LBR 栈中看到的。因为 `JNS` 分支（`4eda14->4eda1e`）没有被执行，所以不会被记录，也不会出现在 LBR 栈中。

```
FROM_IP         TO_IP
...             ...
4eda2d          4eda10
4eda1e          4edb26    <== LBR TOS
```

> **个人经验** 没被记录的分支跳转指令可能会增加分析难度，但是通常不会使分析复杂化。因为知道控制流是按顺序从 `TO_IP（N-1）`到 `FROM_IP（N）`的，我们可以展开 LBR 栈。

从 Haswell 架构开始，LBR 条目中就增加了检测分支预测错误的组件，即 LBR 条目中有一个专用位来标记该信息［见文献（Int，2020）］。从 Skylake 系列开始，又在 LBR 条目中添加了 `LBR_INFO` 组件，它有个 `Cycle Count` 字段，可以用来记录从最近一次更新 LBR 栈开始的时钟计数。这些新添加的组件有重要的应用，我们将在后面讨论。特定处理器的 LBR 条目格式请见文献（Int，2020）。

用户可用如下命令检查系统上 LBR 是否启用：

```
$ dmesg | grep -i lbr
[    0.228149] Performance Events: PEBS fmt3+, 32-deep LBR, Skylake events,
   full-width counters, Intel PMU driver.
```

6.2.1 采集 LBR 栈

使用 Linux perf 工具，我们可用如下命令采集 LBR 栈：

```
$ ~/perf record -b -e cycles ./a.exe
[ perf record: Woken up 68 times to write data ]
[ perf record: Captured and wrote 17.205 MB perf.data (22089 samples) ]
```

LBR 栈也可以使用命令 `perf record--call-graph lbr` 采集，但是采集的

信息量要比命令`perf record -b`少。例如，命令`perf record--call-graph lbr`采集不到分支预测错误和时钟周期的数据。

因为每次采样都会捕捉完整的LBR栈（32个最近分支跳转记录），所以所采集数据（perf.data）的大小会明显比没有启用LBR时大很多。下面是Linux perf工具导出采集的分支栈内容的命令：

```
$ perf script -F brstack &> dump.txt
```

如果仔细观察`dump.txt`文件（可能会很大），将会发现下面展示的信息：

```
...
0x4edabd/0x4edad0/P/-/-/2   0x4edaf9/0x4edab0/P/-/-/29
0x4edabd/0x4edad0/P/-/-/2   0x4edb24/0x4edab0/P/-/-/23
0x4edadd/0x4edb00/M/-/-/4   0x4edabd/0x4edad0/P/-/-/2
0x4edb24/0x4edab0/P/-/-/24  0x4edadd/0x4edb00/M/-/-/4
0x4edabd/0x4edad0/P/-/-/2   0x4edb24/0x4edab0/P/-/-/23
0x4edadd/0x4edb00/M/-/-/1   0x4edabd/0x4edad0/P/-/-/1
0x4edb24/0x4edab0/P/-/-/3   0x4edadd/0x4edb00/P/-/-/1
0x4edabd/0x4edad0/P/-/-/1   0x4edb24/0x4edab0/P/-/-/3
...
```

上面的内容展示了LBR栈的8个条目。通常LBR栈有32个条目，每个条目都包含`FROM`和`TO`地址（十六进制值）、预测标记位（`M/P`）[1]以及时钟周期数（每个条目末尾的值）。用“-”标记的内容与事务内存（Transactional Memory，TSX）相关，这里不展开讨论。感兴趣的读者可以在`perf script`规范[2]中查看解码后的LBR条目格式。

LBR有很多重要的使用场景，下面我们将讨论最重要的几个场景。

6.2.2　获取调用图

我们在5.4.3节讨论过如何采集调用图以及它的重要性。即使在编译程序时没有带帧指针（通过编译选项`-fomit-frame-pointer`控制，默认开启）或调试信息[3]，LBR也可以采集调用图信息：

---

[1] M代表Mispredicted（错误预测），P代表Predicted（预测）。

[2] http://man7.org/linux/man-pages/man1/perf-script.1.html。

[3] 通过`perf record-call-graph dwarf`使用。

```
$ perf record --call-graph lbr -- ./a.exe
$ perf report -n --stdio
# Children   Self    Samples  Command  Object  Symbol
# ........  .......  .......  .......  ......  .......
  99.96%  99.94%    65447     a.out    a.out   [.] bar
          |
           --99.94%--main
                     |
                     |--90.86%--foo
                     |          |
                     |           --90.86%--bar
                     |
                      --9.08%--zoo
                                bar
```

从上面的信息可看到，我们识别出了程序中最热的函数（bar）。外层调用函数（foo）绝大部分时间都花在函数 bar 上了。在这个例子中，我们可以看到 91% 的采样都在函数 foo 调用的函数 bar 上[⊖]。

使用 LBR 特性，我们可以识别超块（Hyper Block）[有时也被称为超级块（Super Block）]，所谓超块就是整个程序中一条执行最频繁的基本块链条。链条中的基本块在物理上不一定连续，但是在执行顺序上是连续的。

6.2.3 识别热点分支

LBR 还可以识别最频繁选取的分支：

```
$ perf record -e cycles -b -- ./a.exe
[ perf record: Woken up 3 times to write data ]
[ perf record: Captured and wrote 0.535 MB perf.data (670 samples) ]
$ perf report -n --sort overhead,srcline_from,srcline_to -F
   +dso,symbol_from,symbol_to --stdio
# Samples: 21K of event 'cycles'
# Event count (approx.): 21440
# Overhead  Samples  Object  Source Sym  Target Sym  From Line  To Line
# ........  .......  ......  ..........  ..........  .........  .......
  51.65%     11074   a.exe   [.] bar     [.] bar     a.c:4      a.c:5
  22.30%      4782   a.exe   [.] foo     [.] bar     a.c:10     (null)
  21.89%      4693   a.exe   [.] foo     [.] zoo     a.c:11     (null)
   4.03%       863   a.exe   [.] main    [.] foo     a.c:21     (null)
```

从这个例子可以看到，50% 以上的分支选取自函数 bar 内部，20% 是函数 foo

⊖ 在本例中，我们不一定能够计算出函数的调用次数。例如，我们不能说函数 foo 调用函数 bar 比函数 zoo 调用函数 bar 多 10 倍。有可能是，函数 foo 只调用了函数 bar 一次，但是在函数 bar 内部执行了某些耗时路径，而函数 zoo 虽然调用了函数 bar 很多次，但是每次都很快返回。

到函数 bar 的调用，其他以此类推。注意 perf 工具从 cycles 事件到分析 LBR 栈的变化：虽然只有 670 个样本，但是每个样本都有一个完整的 LBR 栈。这样就有 670 × 32=21 440 个 LBR 条目待分析。[一]

大多数时候，只用代码行号和目标文件的符号表就可以判定分支的位置。然而，理论上一行代码中可能包含两个 if 语句。此外，当宏定义展开时，所有的代码都在一行中，这是另一种可能发生的场景。这个问题不能完全阻塞分析，只是会让分析变得困难。为了区分这种两分支跳转问题，你很可能需要手动分析原始的 LBR 栈（见 easyperf 博客[二]中的例子）。

6.2.4 分析分支预测错误率

LBR 也可以用来查看热点分支的错误预测率[三]：

```
$ perf record -e cycles -b -- ./a.exe
$ perf report -n --sort symbol_from,symbol_to -F
   +mispredict,srcline_from,srcline_to --stdio
# Samples: 657K of event 'cycles'
# Event count (approx.): 657888
# Overhead  Samples  Mis  From Line   To Line    Source Sym  Target Sym
# ........  .......  ...  .........   .......    ..........  ..........
    46.12%   303391   N   dec.c:36    dec.c:40   LzmaDec     LzmaDec
    22.33%   146900   N   enc.c:25    enc.c:26   LzmaFind    LzmaFind
     6.70%    44074   N   lz.c:13     lz.c:27    LzmaEnc     LzmaEnc
     6.33%    41665   Y   dec.c:36    dec.c:40   LzmaDec     LzmaDec
```

在这个例子[四]中，我们对 LzmaDec 所在代码行感兴趣。根据 6.2.3 节介绍的原因，我们能推断出代码行 dec.c:36 的分支是基准测试程序中执行最多的。在 Linux perf 工具的输出中，我们可以识别出与函数 LzmaDec 相关的两行：一个带 Y 字母，一个带 N 字母。把这两行结合起来一起分析，我们可以计算出这个分支的分支预测错误率。在这个例子中，我们发现代码行 dec.c:36 的分支被正确预测 303 391 次（对应 N），被错误预测 41 665 次（对应 Y），因此分支预测正确率为 88%。

[一] 用户会对 perf 报告中的 21K of event cycles 信息感到困惑，这里指的是 21K 个 LBR 条目而不是 cycles。

[二] https://easyperf.net/blog/2019/05/06/Estimating-branch-probability。

[三] 添加 -F +srcline_from, srcline_to 参数会导致报告生成速度变慢，期待未来新版本 perf 工具解码时间能够优化。

[四] 这个例子取自真实的应用程序，7-zip 基准测试程序见 https://github.com/llvm-mirror/testsuite/tree/master/MultiSource/Benchmarks/7zip。为了能够较好地在页面展示，对 perf 输出报告进行了裁剪。

Linux perf 工具通过分析每个 LBR 条目和解析其中的错误预测位来计算分支预测错误率。这样的话，对每个分支我们都可以得到它的正确预测和错误预测次数。同样，基于采样的原因，可能有些分支只有一个 N 行但是没有对应的 Y 行。这意味着该分支对应的 LBR 条目中没有被错误预测的，但这并不意味着分支预测正确率就是 100%。

6.2.5 机器码的准确计时

正如在 6.2 节所讨论的，从 Skylake 架构开始，LBR 条目有了 Cycle Count 信息，这个新增字段记录了两个被选中的分支之间的时钟周期计数。如果前一个 LBR 条目中的目标地址是某个基本块（BB）的开始，而当前 LBR 条目中的源地址是该基本块中的最后一个指令，那么时钟周期计数就是该基本块的时延。例如：

```
400618:   movb  $0x0, (%rbp,%rdx,1)     <= start of a BB
40061d:   add $0x1, %rdx
400621:   cmp $0xc800000, %rdx
400628:   jnz 0x400644                  <= end of a BB
```

假设在 LBR 栈中，我们有如下两个条目：

```
FROM_IP    TO_IP     Cycle Count
...        ...       ...
40060a     400618     10
400628     400644      5            <== LBR TOS
```

从以上信息，我们可以知道偏移地址为 400618 的基本块有一次执行使用了 5 个 CPU 时钟周期。如果采集足够多的样本，我们可以画出基本块的时延的概率密度函数曲线（见图 35）。该图是通过分析所有满足上述规则的 LBR 条目而生成的。例如，该基本块只有 4% 的概率执行 75 个 CPU 时钟周期，执行 260 到 314 个 CPU 时钟周期的概率更大。该基本块有个对超大数组的随机加载，CPU L3 缓存不能包含该数组，因此该基本块导致的时延非常依赖数据加载。图 35 展示的曲线中有两个重要峰值：第一个的横轴坐标为 80 个 CPU 时钟周期，对应 L3 的缓存命中；第二个的横轴坐标约为 300 个 CPU 时钟周期，对应 L3 的缓存未命中，这种情况下数据加载请求会降到主存。

该信息可以用来对这个基本块进行进一步的细粒度调优。该例子可以通过内存预取进行优化，我们将在 8.1.2 节进行讨论。此外，这个 CPU 时钟周期数信息也可以用来对循环迭代进行计时，因为每个循环迭代都会以一个被选中的分支跳转（后边缘）指令结束。

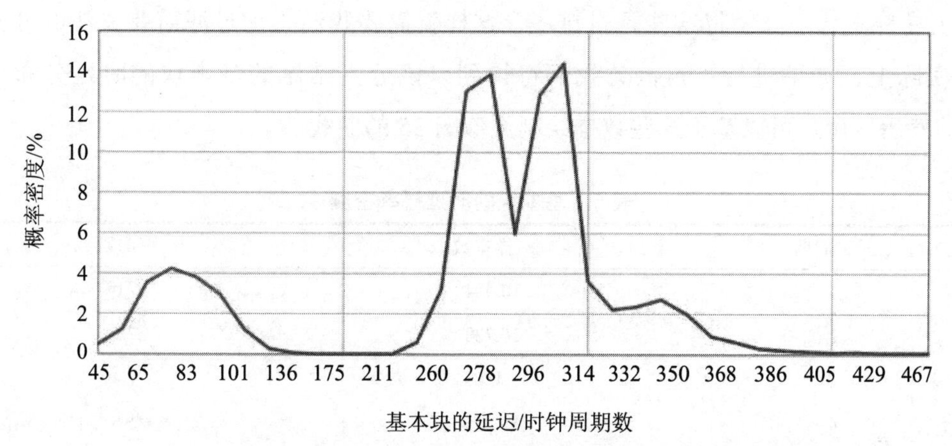

图 35　从地址 0x400618 开始的基本块的延迟的概率密度函数

easyperf 博客上有一个例子介绍了如何绘制任意基本块的时延概率密度函数曲线[1]。在新版 Linux perf 工具中，获取这些信息更简单，例如[2]：

```
$ perf record -e cycles -b -- ./a.exe
$ perf report -n --sort symbol_from,symbol_to -F
  +cycles,srcline_from,srcline_to --stdio
# Samples: 658K of event 'cycles'
# Event count (approx.): 658240
# Overhead  Samples  BBCycles  FromSrcLine  ToSrcLine
# ........  .......  ........  ...........  ..........
     2.82%   18581        1   dec.c:325    dec.c:326
     2.54%   16728        2   dec.c:174    dec.c:174
     2.40%   15815        4   dec.c:174    dec.c:174
     2.28%   15032        2   find.c:375   find.c:376
     1.59%   10484        1   dec.c:174    dec.c:174
     1.44%   9474         1   enc.c:1310   enc.c:1315
     1.43%   9392        10   7zCrc.c:15   7zCrc.c:17
     0.85%   5567        32   dec.c:174    dec.c:174
     0.78%   5126         1   enc.c:820    find.c:540
     0.77%   5066         1   enc.c:1335   enc.c:1325
     0.76%   5014         6   dec.c:299    dec.c:299
     0.72%   4770         6   dec.c:174    dec.c:174
     0.71%   4681         2   dec.c:396    dec.c:395
     0.69%   4563         3   dec.c:174    dec.c:174
     0.58%   3804        24   dec.c:174    dec.c:174
```

---

[1] https://easyperf.net/blog/2019/04/03/Precisetiming-of-machine-code-with-Linux-perf。

[2] 添加 -F+srcline_from, srcline_to 参数会导致报告生成速度变慢，期待未来新版本 perf 工具的解码时间能够有所优化。

为了适配纸张大小，`perf record` 输出中一些不重要的行被删掉了。如果我们关注源地址和目标地址是 `dec.c:174`[㊀]的分支，则可以找到多条与其相关的行。Linux perf 工具首先基于开销将这些条目排序，这样就需要我们手动过滤需要关注的分支条目。实际上，如果进行了过滤，我们将得到以该分支结尾的基本块的时延分布，见表 5。然后，用户可以基于这些数据绘制类似图 35 的曲线。

表 5　基本块的时延概率密度

时钟周期	样本数	概率密度 /%
1	10 484	17.0
2	16 728	27.1
3	4563	7.4
4	15 815	25.6
6	4770	7.7
24	3804	6.2
32	5567	9.0

现在，带时间信息的 LBR 是系统中最精确的周期计时信息源。

6.2.6　评估分支输出的概率

第 7 章将讨论代码布局对性能的重要性。再进一步，让热路径以直通的方式运行[㊁]将会极大地提升程序的性能。例如，对于一个分支，知道它的分支条件（`condition`）在 99% 的情况下是真还是假，对编译器优化决策来说至关重要。

LBR 特性可以在没有插桩代码的情况下获得这些数据。对这些数据进行分析，开发者可以知道分支条件为真或假的比率，例如，分支有多少次被选取，有多少次没被选取。这个特性对分析间接跳转（`switch` 语句）和间接调用（虚拟函数调用）非常有用。easyperf 博客给出了一个针对真实应用程序的使用案例[㊂]。

㊀ 在源代码中，`dec.c:174` 行展开了一个具有自包含分支的宏，这就是为什么源地址和目标地址都在同一行。

㊁ 例如，当分支输出没有被选取时。

㊂ https://easyperf.net/blog/2019/05/06/Estimating-branch-probability。

6.2.7　其他应用场景

- **基于剖析文件的编译优化**　LBR 特性可以给编译器优化提供剖析反馈数据。考虑运行开销问题时，相比静态代码插桩方法，LBR 是一个更好的选择。
- **采集函数的参数**　当 LBR 特性和 PEBS 特性（见 6.3 节）一起使用时，有可能采集到函数参数，因为根据 x86 调用约定 PEBS 记录样本的寄存器中包含被调用函数的前几个参数（Int，2020）。
- **基本块执行次数**　由于 LBR 栈中分支 IP（源地址）和上一个目标地址之间的基本块只会被执行一次，因此有可能评估程序中基本块的执行率。这个过程需要一个由每个基本块起始地址组成的图，然后向后遍历采集的 LBR 栈。

6.3　基于处理器事件的采样

基于处理器事件的采样（Processor Event-Based Sampling，PEBS）是 CPU 的另一种非常有用的特性，它提供了多种方法来增强性能分析。与最后分支记录（见 6.2 节）相似，在剖析程序时，PEBS 被用来在每个采样点获取更多的补充数据。在 Intel 处理器中，PEBS 是在 NetBurst 微架构开始引入的。在 AMD 处理器中，类似的特性叫基于指令的采样（Instruction Based Sampling，IBS），它在第十代处理器（代号“巴塞罗那”和“上海”）开始引入。

这些补充数据有定义好的格式，被称为 PEBS 记录。为 PEBS 配置性能计数器后，处理器会保存 PEBS 缓冲区的内容，并最终将之转存到内存中。记录的信息包括处理器的架构状态，例如，通用寄存器（EAX、EBX、ESP 等）、指令指针寄存器（EIP）和标志寄存器（EFLAGS）等的状态。PEBS 记录的内容布局随所支持的 PEBS 实现方式的不同而变化，文献（Int，2020）给出了不同 PEBS 记录格式的细节，Intel Skylake CPU 的 PEBS 记录格式见图 36。

用户可以执行 dmesg 命令来检查 PEBS 是否启用：

```
$ dmesg | grep PEBS
[    0.061116] Performance Events: PEBS fmt1+, IvyBridge events, 16-deep
   LBR, full-width counters, Intel PMU driver.
```

字节偏移	字段	字节偏移	字段
00H	R/EFLAGS	68H	R11
08H	R/EIP	70H	R12
10H	R/EAX	78H	R13
18H	R/EBX	80H	R14
20H	R/ECX	88H	R15
28H	R/EDX	90H	适用计数器
30H	R/ESI	98H	数据线性地址
38H	R/EDI	A0H	数据源编码
40H	R/EBP	A8H	延迟值（核时钟周期）
48H	R/ESP	B0H	事件IP
50H	R8	B8H	TX中断信息
58H	R9	C0H	TSC
60H	R10		

图 36　第 6 代、第 7 代和第 8 代 Intel Core Processor 的 PEBS 记录格式

Linux perf 工具没像处理 LBR[㊀]那样把原始的 PEBS 内容导出来，它基于具体需要处理 PEBS 记录并只导出部分数据。所以，不可能通过 Linux perf 工具导出原始 PEBS 数据。Linux perf 工具只提供一些从原始采样数据处理后的 PEBS 数据，可以通过命令 `perf report -D` 获得。要获得原始 PEBS 记录，可以使用 pebs-grabber 工具。

接下来，我们将讨论 PEBS 给性能监控带来的几个好处。

6.3.1 精准事件

性能剖析的一个最大问题是定位导致某个性能事件的具体指令。正如 5.4 节讨论的，基于中断的采样是通过对特定的性能事件进行计数并等到计数溢出来实现的。当出现溢出导致的中断时，处理器需要一定的时间来停止执行并标记触发溢出的指令。这对现代复杂的乱序执行 CPU 架构来说，实现起来非常困难。

因为引入了滑动（skid）概念，它被定义为触发性能事件的 IP 与标记事件的 IP（在 PEBS 记录的 IP 字段）间的距离。滑动使得寻找导致性能问题的指令变得困难，这实际上会造成性能问题。想象一个缓存未命中次数很多的程序，它的热点汇编代码如下：

```
; load1
; load2
; load3
```

㊀ 对于 LBR，Linux perf 工具会导出每次采样的 LBR 栈的完整内容，这样就有可能分析通过 Linux perf 导出的原始 LBR 信息。

性能剖析工具将 load3 识别为导致高缓存未命中的指令，然而实际上 load1 才是。通常，这会给新手带来很多困惑。感兴趣的读者可以在 Intel Developer Zone website[1]找到这类问题潜在原因的更多信息。

滑动的问题通过让处理器自身记录 PEBS 记录中的指令地址（还有一些其他信息）得到了缓解。PEBS 记录中的 EventingIP 字段表示的就是导致性能事件的指令。这需要硬件的支持，并且通常只支持一部分性能事件，这样的事件被称为“精准事件”。具体微架构的精准事件详见（Int，2020）。下面列出了 Skylake 微架构的精确事件：

```
INST_RETIRED.*
OTHER_ASSISTS.*
BR_INST_RETIRED.*
BR_MISP_RETIRED.*
FRONTEND_RETIRED.*
HLE_RETIRED.*
RTM_RETIRED.*
MEM_INST_RETIRED.*
MEM_LOAD_RETIRED.*
MEM_LOAD_L3_HIT_RETIRED.*
```

其中，.* 表示该组的所有指令都可以被配置为精准事件。

TMA 分析方法（见 6.1 节）严重依赖精准事件来定位低效率执行代码的具体位置。easyperf 博客的一篇文章[2]介绍了使用精准事件缓解滑动的例子。Linux perf 工具的用户需要在事件后面增加 ppp 后缀来启动精准标注：

```
$ perf record -e cpu/event=0xd1,umask=0x20,name=MEM_LOAD_RETIRED.L3_MISS/ppp
    -- ./a.exe
```

6.3.2 降低采样开销

频繁地产生中断并让分析工具采集被中断服务过程中的程序状态，都需要与操作系统交互，这会消耗非常多系统资源。这也是为何有些硬件允许无中断地自动对特定的缓冲区采样多次。只有当特定的缓冲区满了，处理器才会发起中断把缓冲区内容刷新到内存中。这种方式的开销相比传统的基于中断的采样开销要低。

为 PEBS 配置性能计数器后，计数器的溢出条件会支撑 PEBS 机制。对溢出后的事

---

[1] https://software.intel.com/en-us/vtune-help-hardware-event-skid。

[2] https://easyperf.net/blog/2018/08/29/Understanding-performance-events-skid。

件，处理器会生成PEBS事件。在PEBS事件中，处理器会把PEBS记录存储到BEBS缓冲区，然后清理计数器溢出状态并恢复到初始值。如果缓冲区满了，CPU将发起一次中断（Int，2020）。

注意，PEBS缓冲区位于主存内，它的大小可以设置。同样，性能分析工具的工作是分配和配置内存区域，供CPU导出PEBS记录。

6.3.3 分析内存访问

内存访问是很多应用程序性能的关键因素。有了PEBS，就有可能收集程序中内存访问相关的详细信息，数据地址剖析（Data Address Profiling）可以实现这个功能。为了提供被采样加载和存储指令的更多信息，它利用了PEBS特性中的如下字段（见图36）：

- 数据线性地址（0x98）。
- 数据源编码（0xA0）。
- 时延值（0xA8）。

如果性能事件支持数据线性地址（Data Linear Address，DLA）功能并且启用了该功能，CPU会导出被采样内存访问的地址和时延。请注意，这个功能不会记录所有的存储和加载指令，否则开销会非常大。所以，它只是对内存访问进行采样，例如，大概只会分析1000次访问中的一次，你可以根据需要设置每秒的采样次数。

PEBS扩展的重要使用场景之一就是检测真/伪共享，详见11.7节。Linux perf c2c工具严重依赖DLA数据来寻找有争议、可能导致真/伪共享的内存访问。

此外，有了数据地址剖析工具的帮助，用户可以获得程序中内存访问的一般统计信息：

```
$ perf mem record -- ./a.exe
$ perf mem -t load report --sort=mem --stdio
# Samples: 656  of event 'cpu/mem-loads,ldlat=30/P'
# Total weight : 136578
# Overhead       Samples  Memory access
# ........  ............  ........................
    44.23%           267  LFB or LFB hit
    18.87%           111  L3 or L3 hit
    15.19%            78  Local RAM or RAM hit
    13.38%            77  L2 or L2 hit
     8.34%           123  L1 or L1 hit
```

从上面的输出，我们可以看到程序的加载指令有8%通过L1缓存实现，15%通过DRAM实现，以此类推。

6.4 Intel处理器跟踪技术

Intel处理器跟踪（PT）技术是记录程序执行过程的技术，它把记录信息编码报文存到高压缩率的二进制文件中，该二进制文件结合每条指令的时间戳重建执行流。PT技术覆盖度大、开销小（通常小于5%)，有关开销的信息详见（Sharma & Dagenais, 2016）。它主要用于性能问题的事后分析和根因定位。

6.4.1 工作流

类似于采样技术，PT技术不需要修改任何源代码。只要在支持PT技术的工具下运行目标程序，然后抓取跟踪文件即可。一旦启动PT且基准测试程序开始运行，分析工具就开始把跟踪报文记录到DRAM中。

类似于LBR，Intel PT技术通过记录分支来实现。在程序运行时，只要CPU遇到分支跳转指令，PT将会记录这个分支跳转指令的输出。对于简单的分支跳转指令，CPU会用一位来记录它是被选中（`T`）还是未被选中（`NT`)。对于间接调用，PT会记录目标地址。注意，非条件分支跳转指令不会被记录，因为我们知道它的目标地址。

图37中展示了小型指令序列的编码。类似`PUSH`、`MOV`、`ADD`和`CMP`这样的指令会被忽略，因为它们不会改变控制流。然而，指令`JE`可能会跳转到`.label`，所以它的结果需要被记录下来。后面的间接调用的目标地址也会被记录下来。

在分析时，我们将应用程序的二进制文件和采集的PT跟踪信息汇总到一起。软件解码器需要应用程序的二进制文件来重建程序的执行流，它从入口点开始，然后将采集的跟踪信息作为查询参考来决定控制流。图38中展示了一个解析Intel PT文件的例子。假设`PUSH`指令是应用程序二进制文件的入口点，然后`PUSH`、`MOV`、`ADD`和`CMP`保持原来的样子被重建，这一步无须查询被解析的跟踪信息。接着，软件解码器开始处理`JE`指令，它是分支跳转指令，因此我们需要查询分支跳转指令的输出。根据图38中的跟踪文件，`JE`的条件被选中（`T`)，所以跳过`MOV`指令调用了`CALL`指令。

我们接着继续分析，CALL (edx) 也是一个可以改变控制流的指令，因此我们需要在解析后的跟踪信息中查找目标地址，它是 0x407e1d8。高亮的指令是在程序运行过程中被执行过的。注意，这就是程序运行的“精确”重建，并且不会跳过任何指令。接下来，我们可以通过调试信息把汇编指令映射回源代码，获得源代码逐行执行的日志。

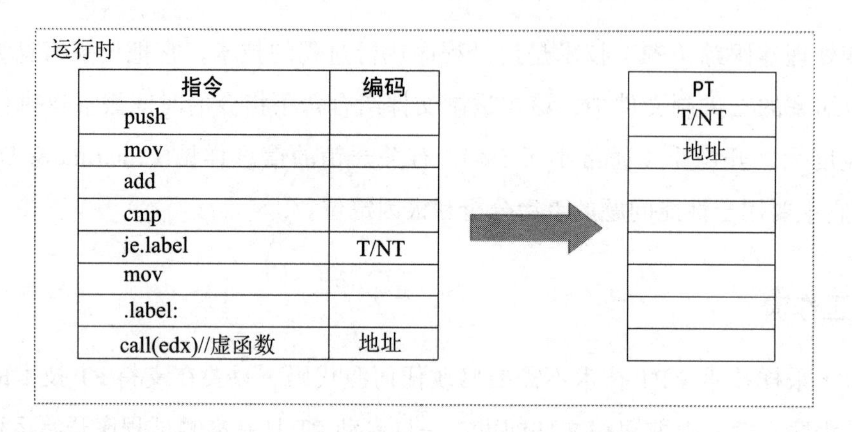

图 37 Intel 处理器跟踪（PT）编码

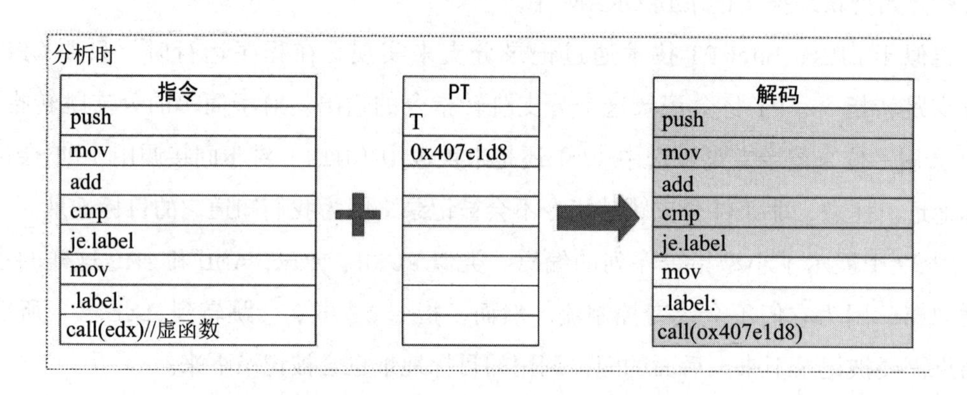

图 38 Intel 处理器跟踪（PT）解码

6.4.2 时间报文

Intel PT 工具不仅可以跟踪执行流，还可以记录时间信息。作为保存跳转目标地址的补充，PT 工具还可以产生时间报文。图 39 中提供了一个时间报文如何被用来恢复指令时间戳的可视化展示示例。和前面的例子一样，我们首先看到 JNZ 没有被选中，所以需要把它和它之上的所有指令的时间戳都更新为 0 ns。然后，我们看到一个 2 ns 的时间更新且 JE 指令被选中，所以把它和它之上（JNZ 之下）的所有指令的时间戳都更新 2 ns。再往后是一条间接调用指令，但是没有与之相关的时间报文，所以我们不需要更新时间戳。然后，我们看到一个 100 ns 的时间更新并且指令 JB 没有被选中，所以其上的所有指令时间戳都要更新 102 ns。

在图 39 中的例子中，指令数据（控制流）是非常精确的，但是时间信息没有那么精确。显然，指令 CALL（edx）、TEST 和 JB 不会同时发生，但是我们没有有关它们的更精确的时间信息。有了时间戳，我们可以把程序和系统中的其他事件的时间间隔进行对齐，并且很容易与挂钟时间进行比较。在某些实现中，跟踪时序可以通过时钟周期精确模式进一步改进，其中硬件记录正常数据报文之间的时钟周期计数［更多细节请见文献（Int，2020）］。

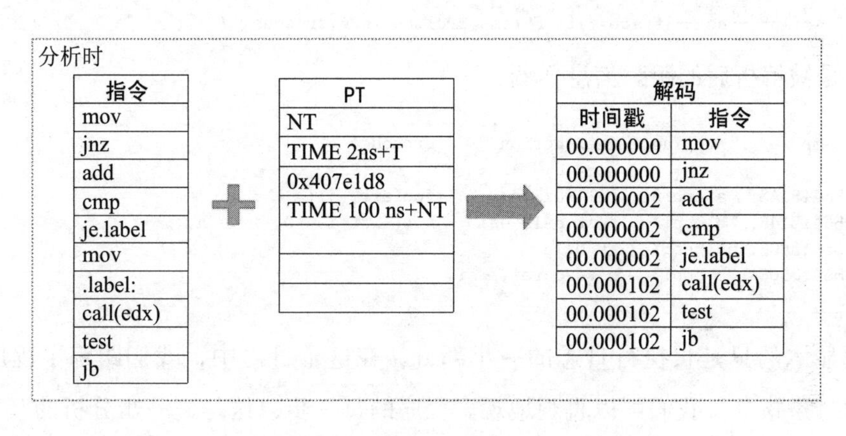

图 39 Intel 处理器跟踪（PT）时序

6.4.3 采集和解析跟踪文件

用 Linux perf 工具可以方便地采集 Intel PT 的跟踪文件：

```
$ perf record -e intel_pt/cyc=1/u ./a.out
```

在上面的命令行中，我们请求 PT 机制来更新每个时钟周期的时间信息。但是，它可能不会大幅度地提高准确性，因为时间报文只有跟其他控制流报文配对的时候才会被发送（见 6.4.2 节）。

采集后，可以通过如下执行命令获得原始 PT 跟踪文件：

```
$ perf report -D > trace.dump
```

PT 在产生时间报文时最多打包 6 条条件分支跳转指令。从 Intel Skylake CPU 系列开始，时间报文的时钟周期已经从上一个报文开始计数。在 trace.dump 中，我们可以看到如下信息：

```
000073b3: 2d 98 8c  TIP 0x8c98     // target address (IP)
000073b6: 13        CYC 0x2        // timing update
000073b7: c0        TNT TNNNNN (6) // 6 conditional branches
000073b8: 43        CYC 0x8        // 8 cycles passed
000073b9: b6        TNT NTTNTT (6)
```

上面显示了原始的 PT 报文，它不能直接用于性能分析。我们可以用如下命令将处理器跟踪文件解析为可读格式：

```
$ perf script --ns --itrace=i1t -F time,srcline,insn,srccode
```

下面是被解析后的跟踪信息样例：

```
timestamp       srcline   instruction      srccode
...
253.555413143:  a.cpp:24  call 0x35c       foo(arr, j);
253.555413143:  b.cpp:7   test esi, esi    for (int i = 0; i <= n; i++)
253.555413508:  b.cpp:7   js 0x1e
253.555413508:  b.cpp:7   movsxd rsi, esi
...
```

上面显示的只是长执行日志的一小部分。在这个日志中，我们跟踪了程序运行时运行过的每条指令。我们可以直观地观察程序的每一步，这是进一步分析的坚实基础。

6.4.4 用法

可能使用 PT 技术处理的几个例子：

- **分析性能问题** 因为 PT 会采集所有的指令流，所以可以分析在应用程序无响应的一小段时间内发生了什么。更多详细例子请见 easyperf 博客上的文章[一]。
- **事后调试** PT 跟踪文件可以使用传统的调试工具（如 gdb）重放。此外，PT 还会提供调用栈信息，即使在栈被破坏的情况下也总是有效的[二]。PT 跟踪文件可以在远程机器上采集，然后再离线分析。当问题很难复现或很难访问设备时，这

[一] https://easyperf.net/blog/2019/09/06/Intel-PT-part3。

[二] https://easyperf.net/blog/2019/08/30/Intel-PT-part2。

会非常有用。

- **程序执行的回溯：**
  - 可以快速发现哪些代码路径从未被执行。
  - 借助时间戳，当发生自旋锁尝试时，可以计算出在等待上花费了多长时间。
  - 通过检测特定的指令模式来检测安全问题。

6.4.5　磁盘空间和解析时间

即使考虑了跟踪文件的压缩格式，编码后的数据仍然会占用很大的磁盘空间。通常，每条指令不超过 1 字节，但是考虑到 CPU 执行指令的速度，数据仍然非常多。根据负载，CPU 编码以 100 MB/s 的速度处理 PT 跟踪文件的情况是很常见的，解析后的数据可能增加 10 倍多（约 1 GB/s）。这使得 PT 工具并不适用于长时间运行的负载，但是，即使是大负载程序也可以用 PT 运行一小段时间。在这种场景下，用户可以只在问题发生时绑定一小会儿运行进程。此外，也可以使用环形缓冲区，在环形缓冲区中新的跟踪数据可以覆盖老的，例如，总是跟踪最后 10 s 的数据。

用户可以通过多种方式进一步限制采集，可以限制只跟踪用户或内核空间的代码。此外，还有一个地址过滤的功能，这样就可以动态地控制跟踪的开启和关闭以限制内存带宽。这使得我们可以只跟踪一个函数，甚至一个循环[⊖]。

解析 PT 跟踪文件很耗时。在 Intel Core i5-8259U 机器上，对于跑 7 ms 的负载程序，编码的 PT 跟踪文件大概 1 MB。使用 `perf script` 解析它大概需要 20 s。使用命令 `perf script-F time，ip，sym，symoff，insn` 的解析结果大概占用 1.3 GB 的磁盘空间。

个人经验　Intel PT 工具被认为是性能分析的终极手段，有着较低的运行开销，是非常强大的分析工具。然而，到 2020 年 2 月为止，用 'perf script-F' 带 '+srcline' 或 '+srccode' 参数解析跟踪文件会变得相当慢，在日常使用中不太实用。Linux perf 工具的实现有待提高，Intel VTune Profiler 对 PT 技术的支持还处在实验阶段。

更多资源和链接：

- Intel“Processor Tracing”（https://software.intel.com/enus/blogs/2013/09/18/pro-

---

⊖ http://halobates.de/blog/p/410。

cessor-tracing)。

Intel®64 和 IA-32。架构软件开发者手册(Int, 2020)。

- "Hardware-assisted instruction profiling and latency detection"(Sharma & Dagenais, 2016)。
- Andi Kleen 在 LWN 的文章(https://lwn.net/Articles/648154)。
- simple_pt—— 简单的 Intel 处理器跟踪工具(https://github.com/andikleen/simplept/)。
- Intel PT 速查表(http://halobates.de/blog/p/410)。

6.5 本章总结

- 只有当上层的性能问题解决了,才建议使用硬件特性进行底层的调优。调优设计很差的算法对开发者来说就是浪费时间。一旦主要的性能问题都解决,就可以使用 CPU 的性能监控特性来分析和深度调优程序。
- TMA 方法论是一种非常强大的技术,可以识别程序 CPU 微架构低效利用。这是一个稳健且正式的方法论,即便是经验不丰富的开发者也可以很方便地使用。TMA 是一个多步骤的迭代过程,包括表征负载和定位性能发生瓶颈的精确代码位置。我们建议将 TMA 作为分析底层性能调优的分析入口点,Intel 处理器和 AMD[⊖]处理器都支持 TMA 技术。
- 最后分支记录(LBR)机制可以在运行程序的同时并行持续地记录最近跳转分支指令的输出,产生的性能损耗最小。在剖析的过程中,它可以在每次采样中都收集足够深的调用栈。另外,LBR 可以帮助识别热点分支、错误预测率,并提供机器码的精确时间信息。Intel 处理器和 AMD 处理器都支持 LBR 技术。
- 基于处理器事件的采样(PEBS)是另一个性能剖析增强技术。它通过不使用中断的方式自动多次对特定的缓冲区采样来降低采样的开销。不过,PEBS 更广为人知的名字是"精准事件",它可以精准定位导致某个性能事件的具体指令。Intel 处理器支持该特性,AMD 处理器也有类似的特性,叫基于指令的采样

⊖ 在撰写本书时,AMD 处理器只支持第一层 TMA 指标,即前端绑定、后端绑定、退休和错误投机。

（Instruction Based Sampling，IBS）。

- Intel 处理器追踪（Processor Trace，PT）技术是一个可以记录程序执行过程并把报文编码到高压缩率二进制文件的技术，该压缩文件可以基于每条指令的时间戳重建程序的执行流。PT 技术覆盖度大、开销小。它的主要用途是对性能故障进行事后分析和根因定位。基于 ARM 架构的处理器也有一种叫作 CoreSight[1] 的追踪功能，但是它主要用于调试而不是性能分析。

利用本章介绍的硬件特性，性能剖析工具实现了不同类型的分析。

[1] https://developer.arm.com/ip-products/system-ip/coresight-debugand-trace。

第二部分 Part 2

基于源代码的 CPU 调优

在第二部分，我们将讨论如何使用CPU监控特性（见第6章）寻找CPU上运行的代码中可被调优的位置。对于性能敏感型应用程序，如大型分布式云服务、科学高性能计算软件、3A级游戏等，了解底层硬件的工作原理是非常重要的。若在程序开发时没有关注硬件，那么从一开始就注定会失败。

标准的算法和数据结构在性能敏感型负载上并不总能表现得很好。例如，在“扁平化”数据结构的冲击下，链表基本上快被废弃了。传统链表的每个节点都是动态分配的，除了引入很多耗时[⊖]的内存分配动作，很可能让链表中的所有元素分散在内存中，遍历该数据结构需要对每个元素进行随机内存访问。即使算法复杂度仍然是$O(N)$，但实际上其耗时比简单数组还要多。有些数据结构（比如二叉树）有着天然的类似链表的结构表示，所以使用指针追踪的方式实现它们可能性能更好。不过，这些数据结构还有更高效的“扁平化”版本，比如`boost::flat_map`和`boost::flat_set`。

即使你选择的算法在解决特定问题时最有名，但是在你的特定场景上它不一定表现最优。例如，二分搜索在排序数组中查找元素方面是最优的。然而，该算法经常会有很多分支预测错误的问题，因为每次元素值的检查都只有50%的概率为真。这就是为何线性搜索通常在小型（少于20个元素）整型数组上表现得更好。

性能工程是一门艺术。跟其他艺术类似，可能的场景范围是没有边界的。本章尝试专注于与CPU微架构相关的优化，而不是覆盖所有你能想到的优化机会。尽管如此，我想还是有必要列出一些上层的优化点：

- 如果程序是使用解释语言（Python、JavaScript等）开发的，那么可以使用开销更低的语言重写程序的性能关键部分。
- 分析程序中使用的算法和数据结构，看看是否可以找到更好的。
- 调优编译器参数，检查是否至少使用了这三个编译器标签：`-O3`（启用与机器无关的优化功能）、`-march`（启用针对特定CPU系列的优化功能）和`-flto`（启用过程间优化功能）。

⊖ 默认情况下，内存分配会引入耗时的系统调用（`malloc`），在多线程上下文中尤其严重。

- 如果问题是高度并行化的计算，那么把程序线程化或者考虑把程序放在GPU上运行。
- 当等待IO操作时，使用同步IO以避免阻塞。
- 利用更多RAM来减少必须使用的CPU和IO量（记忆、查找表、数据缓存、压缩等）。

数据驱动的优化

“数据驱动”的优化是最重要的调优技术之一，它基于对程序正在处理的数据的洞察。该方法聚焦于数据的分布及其在程序中的转化方式。该方法的典型例子是数组结构体（Structure-Of-Array，SOA）到结构体数组（Array-Of-Structure，AOS）（SOA-to-AOS）的转换，代码清单14展示了该转换。

哪个布局更好取决于代码访问的数据。如果程序遍历数据结构并且只访问字段b，那么SOA更好，因为所有的内存访问都是按顺序执行的（空间局部性）。然而，如果程序遍历数据结构并且对该对象的所有字段（即a、b和c）都需进行较多的操作，那么AOS会更好，因为该数据的所有成员可能都会保留在相同的缓存行里。因为这样需要更少的缓存行读取，所以还会优化内存带宽利用率。

这类优化需要知道程序会处理哪些数据和数据的分布情况，然后相应地修改程序。

代码清单14　SOA-to-AOS转换

```
struct S {
  int a[N];
  int b[N];
  int c[N];
  // many other fields
};

<=>

struct S {
  int a;
  int b;
  int c;
  // many other fields
};
S s[N];
```

个人经验 实际上，在某种意义上，我们可以说所有的优化都是数据驱动的，甚至包括我们将要在后面讲到的转换。它们基于从程序运行时采集的一些反馈信息（函数调用次数、剖析数据和性能计数器等）进行优化。

另一个非常重要的数据驱动的优化是“小尺寸优化”，其理念是提前为容器分配一定量的内存，以避免动态内存分配。这对元素数据上限可以预测的中小尺寸容器非常有用。该方法在整个 LLVM 基础设施中被广泛应用，对性能有显著的优化（例如，可以搜索 `SmallVector`）。`boost::static_vector` 也是基于相同的概念实现的。

显然，这只是部分数据驱动优化，但是正如前面所讲，我们没有计划把它们全部罗列出来。读者可以在 easyperf 博客[1]中查看更多例子。

现代 CPU 是非常复杂的设备，我们几乎不可能预测某段代码如何运行。CPU 指令的执行依赖很多因素，变化的组件太多了，以至于人们不得不认真对待。幸运的是，借助第 6 章讨论过的性能监控功能，我们可以从 CPU 的角度观察代码。

注意，你实现的优化不一定对所有的平台都有效果。例如，循环阻塞非常依赖系统内存的层次特征，尤其是 L2 和 L3 缓存的大小。因此，为具有特定 L2 和 L3 缓存大小的 CPU 调优的算法，在具有较小缓存的 CPU 上表现不一定好[2]。在程序将要运行的平台上测试这些变化是非常重要的。

接下来的三章是按最便于使用 TMA（见 6.1 节）方法的方式组织的。这样分类的初衷是为工程师提供某种检查清单，以便他们高效地消除 TMA 揭露的低效问题。同样，这里并不打算给出所有你能想到的转换，而是尝试解释清楚典型的转换。

[1] https://easyperf.net/blog/2019/11/27/data-driven-tuning-specialize-indirect-call 和 https://easyperf.net/blog/2019/11/22/data-driven-tuning-specialize-switch。

[2] 或者可以使用缓存不敏感算法，使其在任何大小的缓存中都能正常工作。

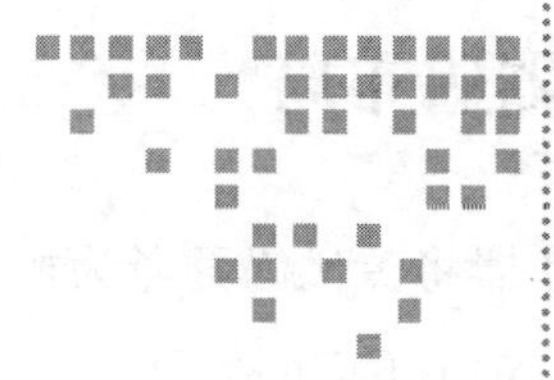

第7章 Chapter 7

CPU前端优化

3.8.1节讨论了CPU前端（Front-End，FE）组件。绝大部分时候，CPU前端的低效可以描述为这样一种情况：后端在等待指令来执行，但是前端不能给后端提供指令。结果就是，没有做任何有意义的工作，CPU时钟周期被浪费了。因为现代处理器是4发射的（即每个时钟周期提供4个微操作），所以会有这样一种情况，即4个可用的槽位没有被填满，这也是低效执行的一个原因。实际上，`IDQ_UOPS_NOT_DELIVERED`[1]性能事件会统计有多少可用的槽位因为前端停顿而没有被利用。TMA使用该性能事件的值来计算它的"前端绑定"指标[2]。

前端不能给执行单元提供指令的原因有很多，不过通常被归结为缓存利用率和无法从内存中获取指令两类。建议只有当TMA显示较高的"前端绑定"指标时，才开始考虑针对CPU前端的代码优化。

> **个人经验** 绝大部分的真实应用程序都会有非零的"前端绑定"指标，因为有一定比例的运行时间会消耗在次优的指令读取和解码上。幸运的是，该指标通常小于10%。如果你看到"前端绑定"指标在20%左右，那么绝对值得花时间分析一下。

[1] https://easyperf.net/blog/2018/12/29/Understanding-IDQ_UOPS_NOT_DELIVERED。

[2] 请参考TMA指标表中的详细公式（https://download.01.org/perfmon/TMA_Metrics.xlsx）。

7.1 机器码布局

当编译器将源代码翻译为机器码（二进制编码）时，它会生成一个串行的字节序列。例如，对于下面的代码：

```
if (a <= b)
  c = 1;
```

编译器会生成如下的汇编代码：

```
; a is in rax
; b is in rdx
; c is in rcx
cmp rax, rdx
jg .label
mov rcx, 1
.label:
```

汇编指令会被解码，并如下布局在内存中：

```
400510  cmp rax, rdx
400512  jg 40051a
400514  mov rcx, 1
40051a  ...
```

这就是所谓的*机器码布局*。注意，对同一个程序，可能会以不同的方式布局。例如，给定两个函数 `foo` 和 `bar`，我们可以在二进制文件中先放置 `bar`，然后再放 `foo`，也可以以相反的顺序放置。这会影响指令在内存中放置位置的偏移量，也会反过来影响生成的二进制文件的性能。本章后面将讨论对机器码布局的一些典型优化。

7.2 基本块

基本块是指只有一个入口和一个出口的指令序列。图 40 中展示了一个基本块示例，其中 `MOV` 指令是入口，`JA` 指令是出口。虽然基本块可以有多个前导和后继，但是在基本块中间没有任何指令可以跳出基本块。

这样就可以保证基本块中的每条指令只会被执行一次，这是很多编译器转换都会利用的非常重要的特性。例如，因为对某类问题我们可以把基本块内的所有指令看作一个整体，所以能够大大地减少控制流图分析和转化的问题。

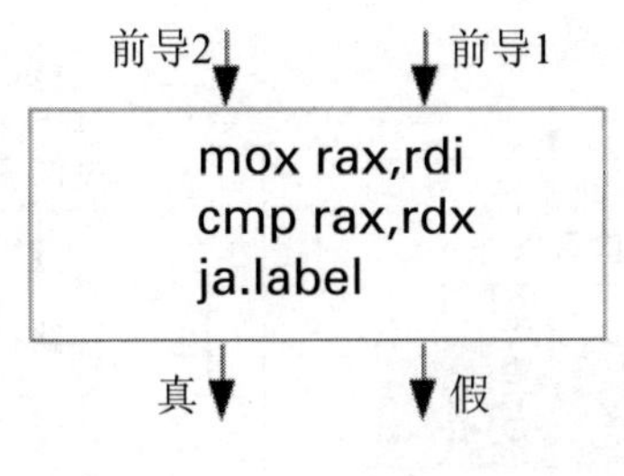

图 40 汇编指令的基本块

7.3 基本块布局

假设程序中有一个热路径，其中有一些错误处理代码（coldFunc）:

```
// hot path
if (cond)
  coldFunc();
// hot path again
```

图 41 中展示了这段代码的两种可能物理布局。图 41a 中展示的是在没有任何提示提供的情况下，绝大部分编译器默认产生的布局。图 41b 中展示的是如果我们反转判断条件 cond 并把热点代码放在直通的位置上而产生的布局。

一般情况下，哪个布局更好通常依赖 cond 是真还是假。如果 cond 通常为真，那么最好选择默认布局，因为另一个布局需要做两次而不是一次跳转动作。此外，一般情况下，我们会想内联 cond 判断条件里的函数。然而，在这个例子中，我们知道 coldFunc 是一个错误处理函数，并且不太可能会被经常执行。通过选择图 41b 中的布局，我们保持了热点代码间的直通，并且把被选取分支转化为未被选取分支。

对于前面展示的代码，图 41b 中展示的布局表现更好的原因有几个。首先，从本质上讲，未被选取的分支比被选取的耗时更少。一般情况下，现代 Intel CPU 每个时钟周期可以执行两个未被选取的分支，但是每两个时钟周期才能执行一个被选取的分支[⊖]。

⊖ 有种特殊的小循环优化可以让小循环每个时钟周期运行一个被选取分支。

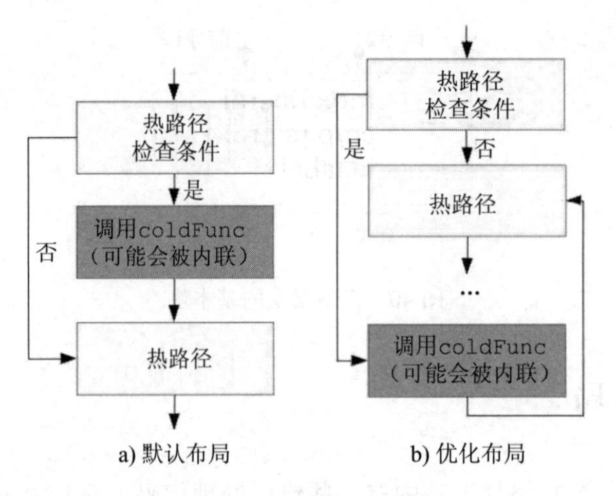

图 41　两个不同的机器码布局

其次，图 41b 中的布局可以更充分地利用指令和微操作缓存（DSB，见 3.8.1 节）。因为所有热点代码都是连续的，所以没有缓存行碎片化问题：L1 指令缓存的所有缓存行都会被热点代码使用。微操作缓存也是一样的，因为它也是基于代码布局进行缓存的。

最后，被选取的分支对于读取单元来说也更耗时。读取单元以 16 字节连续块为单位进行读取，所以每个被选取的跳转指令都意味着跳转之后的所有字节都是无用的，这会降低最大有效读取吞吐量。

为了给编译器提供参考意见以产生优化版的机器码布局，开发者可以使用 `__builtin_expect`[㊀]注解提示编译器：

```
// hot path
if (__builtin_expect(cond, 0)) // NOT likely to be taken
  coldFunc();
// hot path again
```

开发者通常会使用 `LIKELY` 帮助宏定义来让代码更具可读性，所以你会发现下面这样的代码更普遍。从 C++ 20 开始，有了标准的 `[[likely]]`[㊁]属性，我们更建议使用它。

㊀ https://llvm.org/docs/BranchWeightMetadata.html#builtin-expect。

㊁ https://en.cppreference.com/w/cpp/language/attributes/likely。

```
#define LIKELY(EXPR)    __builtin_expect((bool)(EXPR), true)
#define UNLIKELY(EXPR)  __builtin_expect((bool)(EXPR), false)

if (LIKELY(ptr != nullptr))
  // do something with ptr
```

当遇到 LIKELY/UNLIKELY 注解时，优化编译器不仅会优化代码布局，还会在其他地方利用该信息。例如，当在本节最初的例子中使用 UNLIKELY 时，编译器会避免内联 coldFunc 函数，因为编译器知道它不会被经常执行，并且对优化代码（即编译结果二进制文件）大小更有益，即只是保留一个对该函数的 CALL 指令。在 switch 语句插入 __builtin_expect 注解也是有可能的，参见代码清单 15。

代码清单 15 为 switch 语句插入 __builtin_expect 注解

```
for (;;) {
  switch (__builtin_expect(instruction, ADD)) {
    // handle different instructions
  }
}
```

利用该注解，编译器可以微调代码，优化热点 switch 分支以更快地处理 ADD 指令。关于该转换更多的细节，请参见 easyperf 博文[⊖]。

7.4 基本块对齐

有时，性能会由于指令在内存布局中的偏移量而发生明显的变化，我们一起研究下代码清单 16 中的简单函数。

代码清单 16 基本块对齐

```
void benchmark_func(int* a) {
  for (int i = 0; i < 32; ++i)
    a[i] += 1;
}
```

合格的优化编译器可能会为 Skylake 架构生成如下的机器码：

⊖ 为 switch 语句使用 __builtin_expect 注解，https://easyperf.net/blog/2019/11/22/data-driven-tuning-specialize-switch。

```
00000000004046a0 <_Z14benchmark_funcPi>:
  4046a0:  mov    rax,0xffffffffffffff80
  4046a7:  vpcmpeqd ymm0,ymm0,ymm0
  4046ab:  nop    DWORD PTR [rax+rax*1+0x0]
  4046b0:  vmovdqu ymm1,YMMWORD PTR [rdi+rax*1+0x80] # loop begins
  4046b9:  vpsubd ymm1,ymm1,ymm0
  4046bd:  vmovdqu YMMWORD PTR [rdi+rax*1+0x80],ymm1
  4046c6:  add    rax,0x20
  4046ca:  jne    4046b0                             # loop ends
  4046cc:  vzeroupper
  4046cf:  ret
```

代码本身对 Skylake 架构来说是很合理的[㊀]，但是它的布局并不完美（见图 42a)，与循环对应的指令高亮标出。与数据缓存相同，指令缓存行通常也是 64 字节长。图 42 中的粗线框表示缓存行的边界，注意，该循环跨越了多条缓存行：从缓存行 `0x80-0xbf` 到缓存行 `0xc0-0xff` 结束。这种情况通常会导致 CPU 前端出现性能问题，尤其对上面讲到的小循环。

为解决该问题，我们可以使用 NOP 指令将循环指令向前移动 16 个字节，以便让整个循环驻留在一条缓存行中。图 42b 中用深色阴影区的 NOP 指令展示这样做的效果。注意，由于基准测试只运行了热点循环，因此可以确定两个缓存行都会驻留在 L1 指令缓存中。图 42b 中布局性能更好的原因并不容易解释清楚，它涉及相当多的微架构内容[㊁]，我们在本书中不会讨论这些细节。

尽管 CPU 架构师努力在设计中隐藏这种瓶颈，但仍然存在类似代码布局（对齐）对性能产生影响的情况。

默认情况下，LLVM 编译器识别循环并按 16 字节边界对齐它们，如图 42a 所示。为了让我们的例子可以生成如图 42b 所示的理想代码布局，可以使用 `-mllvm -align-all-blocks` 编译选项[㊂]。然而，使用该选项时要小心，因为它可能导致性能劣化。插入会被执行到的 NOP 指令，会增加程序的开销，尤其当它们在关键路径上时。NOP 指令不需要被执行，但是，它们仍然需要被从内存读取、解码和退休。类似于所有其他指令，后者会额外地消耗前端数据结构和用于记账的缓冲区空间。

㊀ 为了解释本节的设想，关闭了循环展开特性。

㊁ 感兴趣的读者可以在 easyperf 博客中的“Code alignment issues”这篇文章找到更多信息。

㊂ 关于控制代码布局的其他可用选项，可以查看 easyperf 博客上的文章“Code alignment options in llvm”。

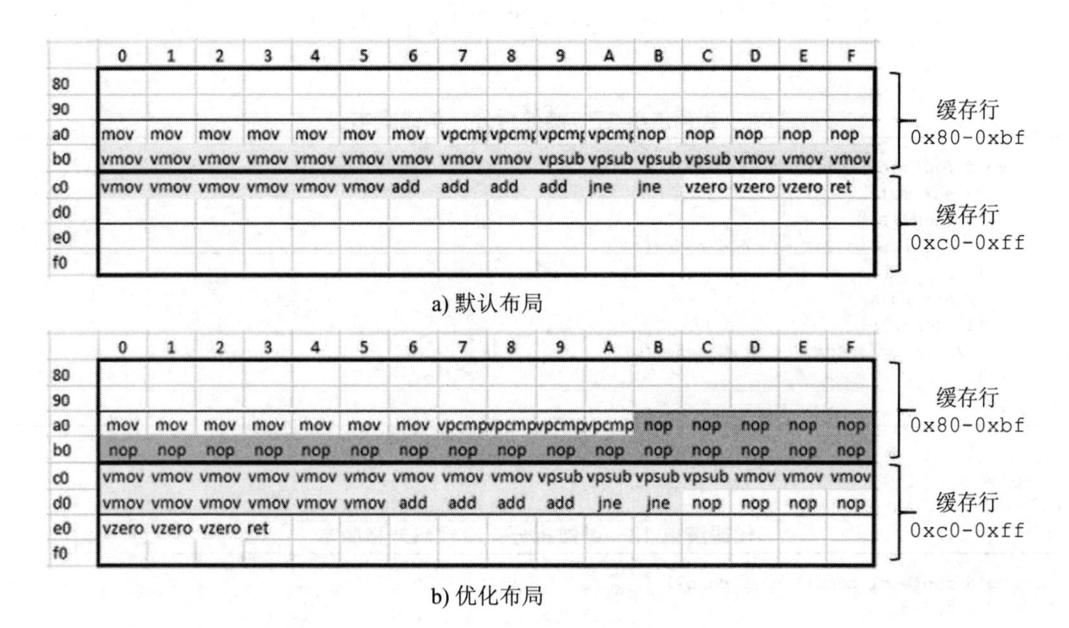

a) 默认布局

b) 优化布局

图 42　循环的两种对齐方式

为了细粒度地控制对齐，还可以使用 ALIGN[㊀]汇编指令。针对实验场景，开发人员可以先生成汇编列表，然后插入 ALIGN 指令：

```
; will place the .loop at the beginning of 256 bytes boundary
ALIGN 256
.loop
  dec rdi
  jnz rdi
```

7.5　函数拆分

函数拆分[㊁]的设想是把热点代码跟冷代码区分开，该优化对在热路径中具有复杂 CFG 和大量冷代码且相对较大的函数是有益的。代码清单 17 中展示了该转换可能有益的样例代码。为了从热路径中移除冷基本块，我们可以把它们截取出来并放到一个新的函数中，并调用这个新的函数（见代码清单 18）。

㊀ x86 汇编指令手册见 https://docs.oracle.com/cd/E26502_01/html/E28388/eoiyg.html。该例子使用了 MASM。否则，将会使用 .align 指令。

㊁ 这种转换也经常被称为“外联”，读者可以在 https://llvm.org/doxygen/HotColdSplitting_8cpp_source.html 中看到 LLVM 对这个功能的实现。

代码清单 17 函数拆分：基线版本

```
void foo(bool cond1, bool cond2) {
  // hot path
  if (cond1) {
    // large amount of cold code (1)
  }
  // hot path
  if (cond2) {
    // large amount of cold code (2)
  }
}
```

代码清单 18 函数拆分：冷代码外移版本

```
void foo(bool cond1, bool cond2) {
  // hot path
  if (cond1)
    cold1();
  // hot path
  if (cond2)
    cold2();
}

void cold1() __attribute__((noinline)) { // cold code (1) }
void cold2() __attribute__((noinline)) { // cold code (2) }
```

图 43 中给出了该转换的图形表示。因为我们只保留了热路径中的 `CALL` 指令，所以下一个热点指令可能会驻留在相同的缓存行，这会提升 CPU 前端数据结构（如指令缓存和 DSB）的利用率。

该转换隐含另一个重要的设想：禁止内联冷函数。即使我们为冷代码创建了新的函数，编译器还是可能决定内联它，这会使转换失效。这就是为何我们需要用 `noinline` 函数属性来避免内联。此外，我们还可以在 `cond1` 和 `cond2` 分支上添加 `UNLIKELY` 宏（见 7.3 节），告诉编译器不需要内联 `cold1` 和 `cold2` 函数。

最后，创建的新函数要放在 `.text` 段之外，比如在 `.text.cold` 中。如果从不调用该函数，那么它不会在运行时被加载到内存中，所以这样可能会改善内存占用情况。

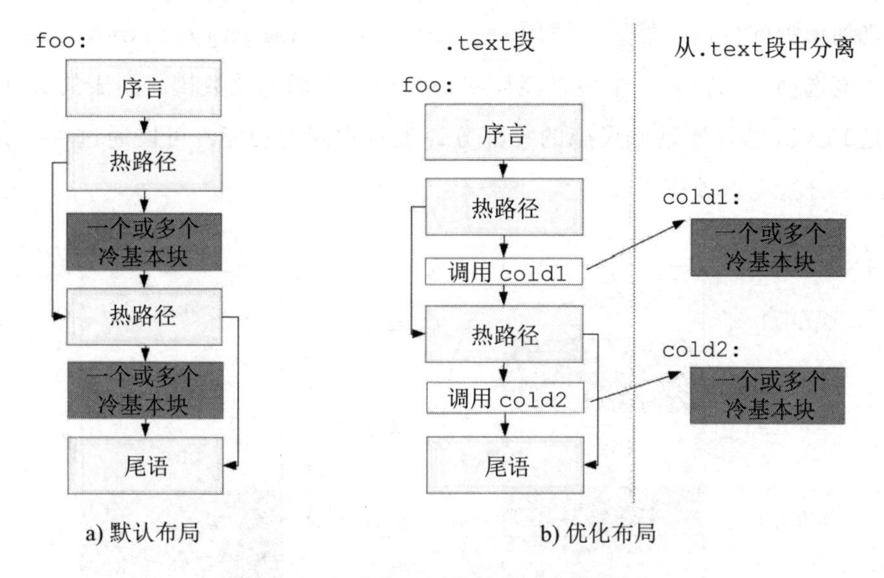

图 43　把冷代码拆分到单独的函数中

7.6　函数分组

基于前面介绍的规则，热点函数可以被分组在一起以进一步提升 CPU 前端缓存的利用率。当热点函数被分组在一起时，它们可能会共用相同的缓存行，这会减少 CPU 需要读取的缓存行数量。

图 44 给出了被分组函数 `foo`、`bar` 和 `zoo` 的图形化展示。默认布局（见图 44a）需要读取四个缓存行，而在优化布局（见图 44b）中，函数 `foo`、`bar` 和 `zoo` 的代码只需要三个缓存行。此外，当我们从 `foo` 调用 `zoo` 时，`zoo` 的开始部分已经在指令缓存中了，因为我们读取过该缓存行。

与前面的优化类似，函数分组提升了指令缓存和 DSB 缓存的利用率。当有很多小热点函数时，该优化表现最好。

链接器负责程序在最终二进制输出中所有函数的排列布局。虽然开发者可以尝试自己重排程序的函数，但是不能保证产生期望的物理布局。几十年来，人们一直使用链接器脚本来完成这项工作。如果你使用的是 GNU 链接器，那么你还需要使用这种方法。Gold 链接器（`ld.gold`）有更简单的方法可以做这件事。要使用 Gold 链接器生成期望的函数顺序，可以先用 `-ffunction-sections` 选项来编译代码，从而把每个函数放到单独的分区。然后，使用 `--section-ordering-file=order.txt` 选项编译，该选项可以输入一个包含能反映最终期望布局的函数排序列表的文件。LLD 链接器是 LLVM 编译器基础设施的一部分，也有相同的功能，可以通过 `--symbol-ordering-file` 选项使用。

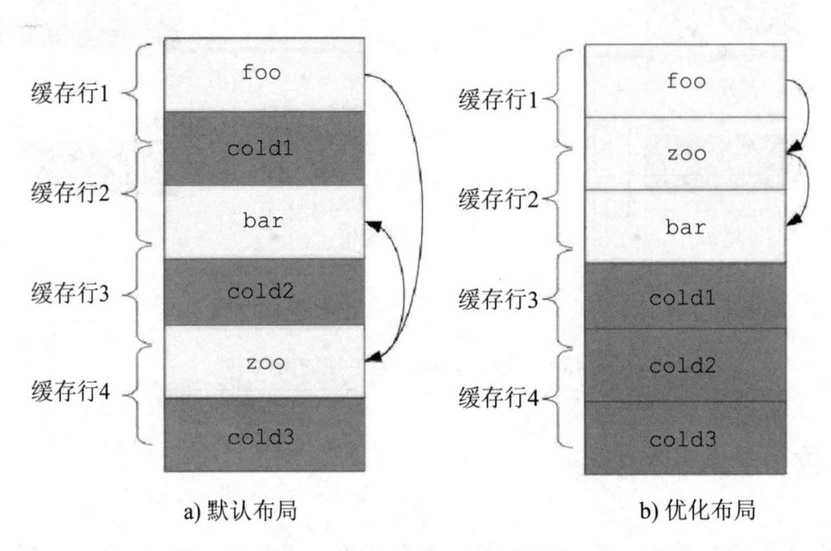

图 44　热点函数组合在一起

另一种解决热点函数分组问题的有趣方法由 HFSort[㊀] 工具实现，该工具可以基于剖析数据自动生成分区排序文件（Ottoni & Maher，2017）。通过该工具，工程师在类似 Facebook、百度和维基百科这样的大型分布式云应用上实现了 2% 的性能提升。最近 HFSort 集成到了 Facebook 的 HHVM，不再作为单独的工具。LLD 链接器采用了 HFSort 算法的实现，根据剖析数据对分区进行排序。

7.7　基于剖析文件的编译优化

编译程序和生成最优汇编代码都是启发式的行为。在特定的场景，为了达到最优性能，代码转换算法有很多边角场景。因为编译器需要做很多决策，所以需要基于某些典型的场景猜测出最好的选择。例如，当决定某个函数是否需要被内联

㊀ https://github.com/facebook/hhvm/tree/master/hphp/tools/hfsort。

时，编译器需要考虑该函数被调用的次数，但问题是编译器并不能提前知道这些信息。

如果剖析信息方便获得的话，基于给定剖析信息编译器可以做出更好的优化决策。大多数编译器中都有一组转换功能，可以根据反馈给它们的剖析数据来调整算法。这组转换功能被称为基于剖析文件的编译优化（Profile Guided Optimization，PGO）。在文献中，有时可以发现反馈定向优化（Feedback Directed Optimization，FDO）这个术语，本质上它与 PGO 指的是同一概念。通常，有剖析数据时编译器会依赖剖析数据，没有剖析数据时，它将使用其启发式标准算法。

使用 PGO 让真实的负载性能优化 15% 是很常见的。PGO 不仅可以提升内联功能和代码布局，还会优化寄存器分配[1]等。

剖析数据可通过两种方法生成：代码插桩（见 5.1 节）和基于采样的剖析（见 5.4 节）。两者的用法都相对简单，并且在 5.8 节我们也讨论过它们相应的优缺点。

第一种方法需要先利用 LLVM 编译器使用 `-fprofile-instr-generate` 选项编译程序，这样会告诉编译器生成插桩代码，这些插桩会在运行时采集剖析信息。然后，LLVM 编译器使用 `-fprofile-instr-use` 选项利用剖析数据重新编译程序，并生成 PGO 调优的二进制文件。使用 Clang 的 PGO 指导，请参考 LLVM 文档[2]。GCC 编译器使用了不同的编译器选项 `-fprofile-generate` 和 `-fprofile-use`，具体请参考 GCC 文档。

第二种方法基于采样生成编译器所需的剖析数据，然后，利用 AutoFDO[3]工具把 Linux perf 生成的采样数据转换为类似 GCC 和 LLVM 的编译器可以理解的格式（Chen et al.，2016）。

一定要记住，编译器会“盲目”地使用你提供的剖析数据。编译器会假设所有负载的表现都一样，所以它只会针对单一的负载优化应用程序。PGO 用户需要非常小心地选取需要剖析的负载，因为当优化应用程序的一个使用场景时，另一个场景可能会被劣化。幸运的是，由于不同负载的剖析数据可以合并在一起代表应用程序的一组使用场景，所以不一定非得只是一个负载场景。

---

[1] 因为有了 PGO，编译器可以把所有的热点变量都放到寄存器中。

[2] https://clang.llvm.org/docs/UsersManual.html#profiling-with-instrumentation。

[3] https://github.com/google/autofdo。

在 2018 年年中，Facebook 开源了它的二进制二次链接器工具，叫作 BOLT，它作用于已经编译的二进制文件。BOLT 会先反编译代码，然后利用剖析信息进行多种布局转换（包括基本块重排、函数拆分和函数分组）并生成优化的二进制文件（Panchenko et al.，2018）。谷歌也开发了一个类似的工具，叫作 Propeller，它与 BOLT 的目的类似但是号称具有某些优势。它可以把优化二次链接器集成到编译系统中，并且可以利用优化的代码布局得到 5% ～ 10% 的性能提升。开发者唯一要考虑的事，就是需要有一个具有代表性且有意义的负载用于采集剖析信息。

7.8 对 ITLB 的优化

内存地址中虚拟地址到物理地址的翻译是调优前端性能的另一个重要领域。这些翻译主要由 TLB 完成（见第 3 章），TLB 在某些条目缓存了最近使用过的内存页面翻译地址。当 TLB 不能完成翻译请求时，需要进行耗时的内核页表页遍历，以计算每个引用的虚拟地址的正确物理地址。当 TMA 显示高 ITLB 开销[㊀]时，本节提供的建议可能会有所帮助。

通过把应用程序的性能关键代码部分地映射到大页上，可以减少 ITLB 的压力。这需要重新链接二进制文件，在合适的页边界对齐代码段，以准备大页映射（见 libhugetlbfs 的指导[㊁]）。对大页的讨论，请见 8.1.3 节。

除了使用大页，用于优化指令缓存性能的标准技术也可以用于提升 ITLB 性能，即重排函数让热点函数更集中，通过 LTO/IPO 减小热点区域的大小，使用 PGO 并避免过度内联。

7.9 本章总结

表 6 中总结了 CPU 前端优化方法。

㊀ https://software.intel.com/content/www/us/en/develop/documentation/vtune-help/top/reference/cpu-metrics-reference/front-end-bound/itlb-overhead.html。

㊁ https://github.com/libhugetlbfs/libhugetlbfs/blob/master/HOWTO。

个人经验 我认为代码布局优化经常被低估，最后总是被忽略或者遗忘。我认同你想先从类似循环展开和向量化的简单优化开始的想法。但是，要知道更优布局的机器码可以将性能再提升 5% ～ 10%。如果可以为应用程序想出一组典型的使用场景，通常最好的选择是使用 PGO 优化。

表 6 CPU 前端优化方法汇总

转换	如何转换	为何有益	对什么场景表现最好	执行者
基本块布局	维护热点代码的直通	未被选取的分支耗时更少；缓存利用率更高	任何代码，尤其有很多分支的代码	编译器
基本块对齐	使用 NOP 指令对热点代码进行移位	缓存利用率更高	热点循环	编译器
函数拆分	把冷代码拆分出来并放到单独的函数中	缓存利用率更高	当在热代码间存在大段冷代码的函数时，具有复杂 CFG 的函数	编译器
函数分组	把热点函数分组到一起	缓存利用率更高	有很多热点小函数	链接器

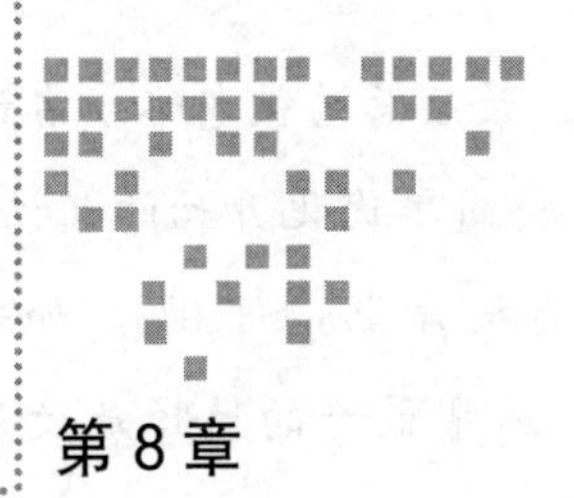

Chapter 8 第 8 章

CPU 后端优化

在 3.8.2 节中，我们已讨论过 CPU 后端（BE）组件。很多时候，CPU 后端低效往往被描述为这样一种场景：当前端已经完成取指和译码后，后端发生了过载而不能处理新的指令。从技术上讲，这是一种由于后端缺少资源无法处理新的微操作而导致前端不能交付微操作的场景，例如，数据缓存未命中导致的停滞以及除法单元过载导致的停滞。

需要强调的是，只有在 TMA 显示高“后端绑定”指标时，才需要考虑针对 CPU 后端进行代码优化。TMA 进一步把后端绑定指标拆解为两个类别：内存绑定（Memory Bound）和核心绑定（Core Bound）。接下来，我们将讨论这两个类别。

8.1 内存绑定

当应用程序执行大量的内存访问并且花比较长的时间等待内存访问完成时，那么该应用程序会被表征为内存绑定。这意味着要提高程序的性能，我们可能需要改善程序的内存访问情况，减少内存访问次数或者升级内存子系统。

图 45 佐证了内存的分层性能非常重要这一说法。该图展示了内存和处理器的性能差距，纵轴以对数刻度显示了 CPU 和 DRAM 性能差距的增长趋势，内存基线是从 1980 年的 64 KB DRAM 芯片的内存访问延迟开始的。典型的 DRAM 性能每年提升 7%，而 CPU 每年提升 20% ～ 50%（Hennessy & Patterson，2011）。

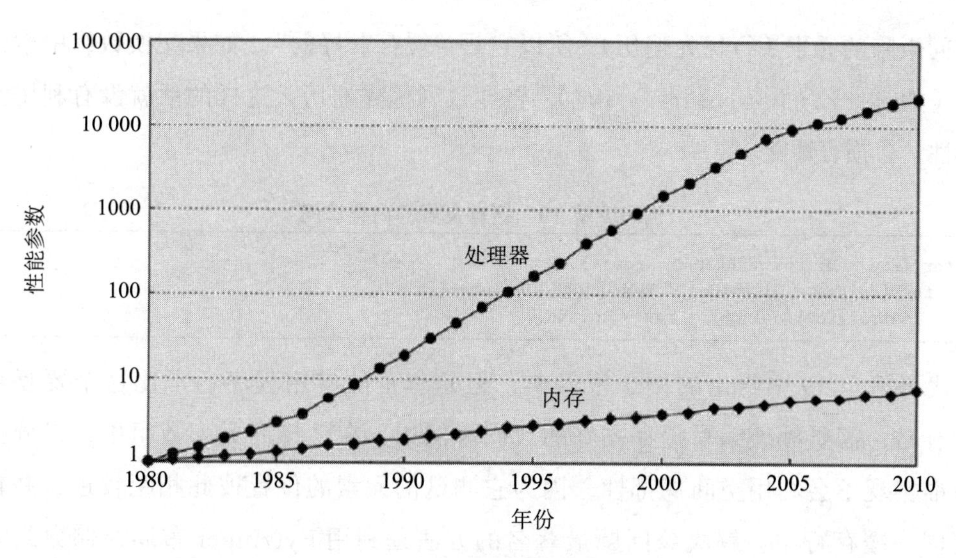

图 45　内存和处理器的性能差距

在 TMA 中，“内存绑定”会统计 CPU 流水线由于按需加载或存储指令而阻塞的部分槽位。解决此类性能问题的第一步是，定位导致高“内存绑定”指标的内存访问（请见 6.1.4 节）。识别出导致问题的具体内存访问后，就可以通过几种策略来进行优化。下面，我们将讨论几个典型案例。

8.1.1　缓存友好的数据结构

从缓存中读取一个变量只会花费几个时钟周期，但是，如果变量不在缓存中而从 RAM 内存中读取的话，就会花费 100 多个时钟周期。关于编写缓存友好算法和数据结构的重要信息还有很多，因为这是高性能应用程序的关键要素之一。编写缓存友好代码的关键是时间和空间局部性原则（请见 3.5 节），其目标是从缓存中高效地读取所需的数据。在设计缓存友好的代码时，从缓存行角度考虑是很有意义的，而不仅仅是考虑单个变量和它们在内存中的位置。

8.1.1.1　按顺序访问数据

利用缓存空间局部性的最佳方法是按顺序访问内存。这样做，我们可以利用硬件预取器（请见 3.5.1.5 节）识别内存访问模式，并提前引入下一个数据块。代码清单 19 展示了一个 C 代码的例子，它实现了缓存友好访问。因为它按元素在内存中的排列顺序访问矩阵的元素（行优先遍历），所以它是“缓存友好的”。如果交换数组中索引的顺序（如 matrix[column][row]），将导致列优先遍历，这样的话就没有利用空间局部性，会损害性能。

代码清单 19　缓存友好的内存访问

```
for (row = 0; row < NUMROWS; row++)
  for (column = 0; column < NUMCOLUMNS; column++)
    matrix[row][column] = row + column;
```

代码清单 19 中给出的例子很经典，但是真正的应用程序通常比这个要复杂得多。有时，需要额外编写缓存友好的代码。例如，在已排序大型数组中，二分搜索的标准实现不会利用空间局部性，因为它测试的元素的位置彼此相距较远，并且不会在同一缓存行中。解决该问题最著名的方法是利用 Eytzinger 布局存储数组元素（Khuong & Morin，2015）。它的思想是维护一个隐式二叉搜索树，使用类似广度优先搜索的布局把二叉搜索树打包到一个数组中，这种方式经常在二叉堆中看到。如果代码在数组中执行大量的二分搜索，那么将其转换为 Eytzinger 布局性能可能会更好。

8.1.1.2　使用适当的容器

几乎在任何语言中都有各种各样的现成容器，了解它们的底层存储机制和性能影响很重要。在文献（Fog，2004）中，有一个很好的指南，可以帮助你一步步地选择合适的 C++ 容器。

此外，还要考虑代码将如何处理数据，然后才能选择数据存储的方式。当对象很大时，是将对象存储在数组中，还是存储指向这些对象的指针？指针数组占用的内存更少，这将有利于修改数组的操作，因为指针数组需要的传输内存更少。然而，当保存对象本身时，线性扫描数组的速度更快，因为这样的存储对缓存访问更友好，不需要间接内存访问[⊖]。

8.1.1.3　打包数据

可通过使数据更紧凑来提高内存层次利用率。打包数据的方法有很多种，一个经典的例子是使用位存储。代码清单 20 展示了可通过打包数据改进的代码示例。如果 a、

⊖ https://www.bfilipek.com/2014/05/vector-of-objects-vs-vector-of-pointers.html。

b 和 c 表示枚举值，且可以通过一定数量的位进行编码，则可以减少结构 S 的存储空间（请见代码清单 21）。

这样可以大大减少来回传输的内存数量，同时节省缓存空间。请记住，这与访问每个被打包元素的成本有关。由于 b 位与 a 和 c 共享同一个机器字，编译器需要执行 >>（“右移”）和 &（“与”）操作来加载它。类似地，<<（“左移”）和 |（“或”）操作需要把值写回。在额外计算的开销比低效内存转移开销低的场景下，打包数据是有意义的。

此外，程序员可以通过重新排布结构体或类中的字段来减少内存的使用，同时避免由编译器添加结构体填充（请见代码清单 22 中的示例）。编译器插入无用内存字节（填充）的目的是高效地保存和读取数据结构的各个成员。在该示例中，若 S1 的成员按大小顺序声明，则可以减小 S1 的大小。

代码清单 20　打包数据：基础数据结构

```
struct S {
  unsigned a;
  unsigned b;
  unsigned c;
}; // S is sizeof(unsigned int) * 3
```

代码清单 21　打包数据：打包后的数据结构

```
struct S {
  unsigned a:4;
  unsigned b:2;
  unsigned c:2;
}; // S is only 1 byte
```

代码清单 22　避免编译器填充

```
struct S1 {
  bool b;
  int i;
  short s;
}; // S1 is sizeof(int) * 3

struct S2 {
  int i;
  short s;
  bool b;
}; // S2 is sizeof(int) * 2
```

8.1.1.4 对齐与填充

数据对齐是提高内存子系统利用率的另一种技术，当大小为 16 B 的对象占用两条高速缓存行，即它从一条高速缓存行开始，到下一条高速缓存行结束时，可能会出现这样的情况。获取这样的对象需要读取两次缓存行，如果对象对齐正确的话，这是可以避免的。代码清单 23 展示了如何使用 C++11 `alignas` 关键字对齐内存对象。

如果变量被存储在能被变量的大小整除的内存地址中，那么访问这个变量的效率最高。例如，`double` 变量占用 8 B 的存储空间，因此最好存储在能被 8 整除的地址中。其大小应该是 2 的幂次方，大于 16 B 的对象应该存储在能被 16 整除的地址中（Fog，2004）。

代码清单 23 使用“alignas”关键字对齐数据

```
// Make an aligned array
alignas(16) int16_t a[N];

// Objects of struct S are aligned at cache line boundaries
#define CACHELINE_ALIGN alignas(64)
struct CACHELINE_ALIGN S {
  //...
};
```

对齐可能导致未使用的字节出现空位，这可能会降低内存带宽利用率。如果上面的例子中结构体 `S` 只有 40 B，`S` 的下一个对象于下一个缓存行的开头开始，那么每个保存 `S` 对象的缓存行都会留下 `64-40=24` 未使用的字节。

有时，我们需要填充数据结构成员以避免边缘情况，例如缓存争用（Fog，2004）和伪共享（请见 11.7.3 节）。例如，在多线程应用程序中，当两个线程 `A` 和 `B` 访问同一结构的不同字段时，可能会出现伪共享问题。代码清单 24 展示了可能发生这种情况的代码示例，因为结构体 `S` 的成员 `a` 和 `b` 可能会占用相同的缓存行，缓存一致性问题可能会明显地降低程序的运行速度。为了解决该问题，可以填充 `S` 使得成员 `a` 和 `b` 不共享相同的缓存行，如代码清单 25 所示。

代码清单 24 填充数据：基础版本

```
struct S {
  int a; // written by thread A
  int b; // written by thread B
};
```

代码清单 25　填充数据：优化后版本

```
#define CACHELINE_ALIGN alignas(64)
struct S {
  int a; // written by thread A
  CACHELINE_ALIGN int b; // written by thread B
};
```

当通过 malloc 进行动态分配时，可以保证返回的内存地址满足目标平台的最小对齐要求。一些应用程序可能受益于更严格的对齐，例如，以 64 B 对齐方式动态分配 16 B，而不是以默认的 16 B 对齐方式分配。为了利用这一点，POSIX 系统用户可以使用 memalign[一] API 接口，其他操作系统用户可以参考 https://embeddedartistry.com/blog/2017/02/22/generating-aligned-memory/。

对齐注意事项中最重要的一个是 SIMD 代码。当依赖编译器自动向量化时，开发者不需要做任何特殊的事情。然而，当使用编译器向量化内建函数（参见 10.2 节）编写代码时，通常需要地址能被 16、32 或 64 整除。编译器内部头文件提供的向量类型已经被注解，以确保进行适当的对齐（Fog，2004）。

```
// ptr will be aligned by alignof(__m512) if using C++17
__m512 * ptr = new __m512[N];
```

8.1.1.5　动态内存分配

首先，有许多 malloc 的替代品，它们更快、更具可扩展性[二]，能更好地解决内存碎片化问题。你可以通过非标准内存分配器来将性能提高几个百分点。动态内存分配的一个典型问题是在启动时，线程之间试图同时分配它们的内存区域[三]。最流行的内存分配库有 jemalloc[四]和 tcmalloc[五]。

其次，可以使用自定义分配器（例如 arenaallocators）来加速分配。这类分配器的主要优点之一是开销低，因为它们不会对每个内存分配执行系统调用。另一个优点是它的高灵活性。开发者可以基于操作系统提供的内存区域实现自己的分配策略。一个简单的策略是维护两个不同的分配器，它们有各自的 arenas（内存区域）：一个用

[一] https://linux.die.net/man/3/memalign。
[二] 典型的 malloc 实现涉及同步，以满足多个线程动态分配内存的要求。
[三] 同样适用于内存回收。
[四] http://jemalloc.net/。
[五] https://github.com/google/tcmalloc。

于热数据，一个用于冷数据。将热数据放在一起可以让它们共享高速缓存行，从而提高内存带宽利用率和空间局部性。它还可以提高 TLB 利用率，因为热数据占用的内存页更少。此外，自定义内存分配器可以使用线程本地存储来实现每个线程的分配，从而消除线程之间的同步问题。当应用程序基于线程池且不生成大量线程时，这将非常有用。

8.1.1.6 针对存储器层次调优代码

某些应用程序的性能取决于特定层缓存的大小。最著名的例子是使用循环分块（loop blocking）（块化，tiling）来改进矩阵乘法。它的思想是将矩阵的工作区域分解成更小的块，这样每个块都能适合 L2 缓存[一]。大多数架构都提供类似于 CPUID（Int, 2020）的命令，它可以让我们查询缓存的大小。当然，你也可以使用缓存无关算法，这类算法的目标是在任何大小的缓存中都能很好地工作。

Intel CPU 有数据线性地址硬件特性[二]（请见 6.3.3 节），它支持缓存阻塞。

8.1.2 显式内存预取

通常在一般的负载下，数据访问没有清晰的模式甚至是随机的，硬件无法有效地提前预取数据（请见 3.5.1.5 节）。在这种情况下，即使选择了更好的数据结构，也无法消除缓存未命中问题。代码清单 26 展示了在这种场景下有可能进行优化的代码示例。假设 `calcNextIndex` 返回的是变化比较大的随机值，在这种情况下，随后加载的 `arr[j]` 会跳转到内存中的一个全新位置，会经常发生缓存未命中问题。当 `arr` 数组足够大[三]时，硬件预取功能将无法捕获它的访存模式，也无法提前预取所需的数据。在代码清单 26 的示例中，计算索引 `j` 和请求元素 `arr[j]` 之间有某个时间窗口。有了这个时间窗口，我们就可以使用 `__builtin_prefetch`[四]手动显式地添加预取指令，如代码清单 27 所示。

[一] 通常人们会调整 L2 缓存的大小，因为它不在 CPU 核之间共享。

[二] https://easyperf.net/blog/2019/12/17/Detecting-false-sharing-using-perf#2-tune-the-code-for-better-utilization-of-cache-hierarchy。

[三] 对于该例子，“足够大”是指大于典型台式机 CPU 中 L3 缓存的大小，在撰写本书时，该大小从 5 MB 到 20 MB 不等。

[四] https://gcc.gnu.org/onlinedocs/gcc/Other-Builtins.html。

代码清单 26　内存预取：基线版本

```
for (int i = 0; i < N; ++i) {
  int j = calcNextIndex();
  // ...
  doSomeExtensiveComputation();
  // ...
  x = arr[j]; // this load misses in L3 cache a lot
}
```

代码清单 27　内存预取：使用内置的预取注解

```
for (int i = 0; i < N; ++i) {
  int j = calcNextIndex();
  __builtin_prefetch(a + j, 0, 1); // well before the load
  // ...
  doSomeExtensiveComputation();
  // ...
  x = arr[j];
}
```

要使预取生效，请务必提前插入预取提示，确保被加载的值在被用于计算时已经在缓存中。此外，也不要过早插入预取提示，因为它可能会预取那段时间内用不到的数据，从而污染缓存。估算预取窗口的方法[1]可以参考 6.2.5 节。

获取下一次循环迭代所需的数据，是工程师使用显式内存预取的最常见场景。此外，显示内存预取对线性函数也非常有用，例如，提前知道数据的地址但请求数据时会有一些延迟（预取窗口）。

显式内存预取不可移植，即使它在一个平台上实现了性能提升，也不能保证在另一个平台上也有类似的提升效果。更糟糕的是，如果使用不当，还会降低缓存的性能。当使用错误大小的内存块或过于频繁地请求预取时，可能会迫使其他有用的数据被移出缓存。

虽然软件预取为程序员提供了控制权和灵活性，但要做到正确使用很难。考虑一种情况：我们想在平均 IPC 为 2 的代码段中插入一条预取指令，并且每次 DRAM 访问需要 100 个时钟周期。为了获得最佳效果，我们需要在加载前插入预取 200 条指令的动作。但是，这并不总是能成功的，尤其是在被计算的加载地址恰好在加载动作之前计算的情况下。指针追逐问题就是一个显式预取不能解决问题的例子（Nima Honarmand，2015）。

最后，显式预取指令会增加代码大小并增加 CPU 前端的压力。预取指令和任何其

[1] https://easyperf.net/blog/2019/04/03/Precise-timing-of-machine-code-with-Linux-perf#application-estimating-prefetch-window。

他指令一样：它会消耗 CPU 资源，如果使用不当，也会降低程序的性能。

8.1.3 针对 DTLB 优化

如第 3 章所述，TLB 是每个核的高速且容量有限的缓存，用于内存虚拟地址到物理地址的翻译。如果没有 TLB，应用程序的每次内存访问都需要对内核页表进行耗时的页遍历，才能计算每个虚拟地址引用的正确物理地址。

TLB 层次结构通常由 L1 ITLB（指令）、L1 DTLB（数据）和 L2 STLB（指令和数据的统一缓存）组成。L1（第一层）ITLB 中的未命中有非常小的时延，这通常会被乱序执行（OOO）隐藏。STLB 中的未命中会导致调用页遍历器，这时在运行时的性能损失可能会很明显，因为在此过程中 CPU 会停滞（Suresh Srinivas，2019）。假设 Linux 内核中的默认页大小为 4 KB，现代 L1 TLB 缓存只能保留几百个最近使用过的页表条目，约覆盖 1 MB 的地址空间，而 L2 STLB 可以容纳几千个页表条目。网站 https://ark.intel.com 给出了特定处理器的确切数据。

在 Linux 和 Windows 系统上，应用程序以 4 KB 的页加载到内存中，这是大多数系统上的默认设置。分配许多小页成本高昂，如果应用程序使用数十或数百吉字节的内存，则将需要许多 4 KB 大小的页，各页将竞争一组有限的 TLB 条目。如果使用 2 MB 的大页，20 MB 的内存只需 10 个页即可映射，而使用 4 KB 大小的页则需要 5120 个页。这意味着需要更少的 TLB 条目，进而减少 TLB 未命中的次数。Linux 和 Windows 都支持应用程序建立大页内存区域，HugeTLB 子系统是否支持取决于芯片架构，AMD64 和 Intel 64 架构支持 2 MB 和 1 GB 两种页。

正如我们刚刚了解到的，减少 ITLB 未命中次数的一种方法是使用更大的页。幸运的是，TLB 也能够缓存 2 MB 和 1 GB 页的条目。如果上述应用程序使用 2 MB 页而不是默认的 4 KB 页，TLB 压力将减少为原来的 1/512。同样，如果从 2 MB 页更新到 1 GB 页，TLB 压力将为当前的 1/512，这是相当大的改进！使用较大的页时，因为缓存中用于存储翻译的空间较少，所以可以为应用程序代码提供更大空间，这对某些应用程序很有利。因为大页的 TLB 表本身更紧凑，通常需要更少的页遍历，所以在 TLB 未命中的情况下遍历内核页表的代价会减少。

大页可用于代码、数据，也可同时用于两者。如果负载有一个大堆，则可以尝试使用大数据页。关系数据库系统（例如 MySQL、PostgreSQL、Oracle 等）等大内存应用程序和配置使用大堆区的 Java 应用程序经常受益于大页。文献（Suresh Srinivas，2019）中提供了一个使用大页优化运行时的示例，展示了大页如何在三种环境的三个应用程序中提高性能并减少 ITLB 未命中（减少量高达 50%）。但是，与许多其他功能一样，大页并不能适用于每个应用程序。对于只想分配 1 B 数据的应用程序，最好使用 4 KB 页而不是大页，这样内存使用效率会更高。

在 Linux 操作系统上，在应用程序中使用大页的方法有两种：显式大页和透明大页。

8.1.3.1　显式大页

作为系统内存的一部分，以大页文件系统（`hugetlbfs`）对外公开，应用程序可以通过系统调用（例如，`mmap`）访问它。通过 `cat/proc/meminfo` 可以查看系统上配置的大页并查看 `HugePages_Total` 条目。可在启动时或运行时保留大页，因为内存尚未显著碎片化，所以在启动时保留大页会增加成功的可能性。有关保留大页的确切说明请见红帽性能调优指导手册[一]。

有一个选项可利用 `libhugetlbfs`[二]库在大页头部动态分配内存，该库重写了现有动态链接二进制可执行文件中使用的 `malloc` 调用。不需要修改代码，甚至不需要重新链接二进制文件，最终用户只需要配置几个环境变量。既可以使用显式保留的大页，也可以使用透明保留的大页。更多详细信息请见 `libhugetlbfs` 操作方法说明文档[三]。

为了更细粒度地通过代码控制对大页的访问（即不影响每个内存分配），开发者有以下选择：

- 带 `MAP_HUGETLB` 参数使用 `mmap`（参见样例代码[四]）。
- 对挂载的 `hugetlbfs` 文件系统中的文件使用 `mmap`（参见样例代码[五]）。
- 带 `SHM_HUGETLB` 参数使用 `shmget`（参见样例代码[六]）。

[一] https://access.redhat.com/documentation/en-us/red_hat_enterprise_linux/7/html/performance_tuning_guide/sect-red_hat_enterprise_linux-performance_tuning_guide-memory-configuring-huge-pages#sect-Red_Hat_Enterprise_Linux-Performance_tuning_guide-Memory-Configuring-huge-pages-at-run-tim。

[二] https://github.com/libhugetlbfs/libhugetlbfs。

[三] https://github.com/libhugetlbfs/libhugetlbfs/blob/master/HOWTO。

[四] https://elixir.bootlin.com/linux/latest/source/tools/testing/selftests/vm/map_hugetlb.c。

[五] https://elixir.bootlin.com/linux/latest/source/tools/testing/selftests/vm/hugepage-mmap.c。

[六] https://elixir.bootlin.com/linux/latest/source/tools/testing/selftests/vm/hugepage-shm.c。

8.1.3.2 透明大页

Linux 还支持透明大页（Transparent Huge Page，THP），它能自动管理大页[1]且对应用程序透明。在 Linux 下启用 THP 后，当需要大块内存时，它会动态切换到大页。THP 功能有两种操作模式：针对系统范围和针对进程范围。当在系统范围内启用 THP 时，内核会尝试将大页分配给任何可能分配的进程，因此不需要手动保留大页。当在进程范围内启用 THP 时，内核只会将大页分配给单个进程中使用了 `madvise` 系统调用的内存区域。你可以使用以下命令检查系统是否启用了 THP：

```
$ cat /sys/kernel/mm/transparent_hugepage/enabled
always [madvise] never
```

如果返回值是 `always`（系统范围）或者 `madvise`（进程范围），则说明 THP 对应用程序来说是可用的。使用 `madvise` 参数，THP 只能在通过带有 `MADV_HUGEPAGE` 属性的系统调用 `madvise` 配置的内存区域内启用。在 Linux 内核文档[2]中可以找到与 THP 相关的每个参数的完整规范。

8.1.3.3 显式大页和透明大页对比

显式大页（Explicit Huge Page，EHP）预先保留在虚拟内存中，而 THP 则不同。内核在后台尝试分配一个 THP，如果失败了，它将默认分配标准 4 KB 页，这些都对用户透明。分配过程可能涉及许多内核进程，这些进程负责在虚拟内存中为未来的 THP 腾出空间（可能包括将内存交换到磁盘、碎片化或压缩页[3]）。THP 的后台维护需要管理不可避免的内存碎片化和内存交换问题，从而导致内核产生不确定的延迟开销。而 EHP 不受内存碎片化的影响，也无法交换到磁盘。

其次，EHP 可用于应用程序的所有段，包括文本段（即 DTLB 和 ITLB 都会受益），而 THP 仅可用于动态分配的内存区域。

THP 的优势之一是，与 EHP 相比所需的操作系统配置工作更少，可以更快地进行实验。

---

[1] 注意 THP 功能仅支持 2 MB 页。

[2] https://www.kernel.org/doc/Documentation/vm/transhuge.txt。

[3] 例如，将 4 KB 页压缩为 2 MB，将 2 MB 页分解为 4 KB 等。

8.2　核心绑定

第二种CPU后端瓶颈是核心绑定。一般而言，该指标表示CPU乱序执行引擎中非内存问题导致的所有停滞。核心绑定指标主要有两种类别：

- 硬件计算资源短缺　它表示某些执行单元过载（执行端口争用），当负载频繁执行大量繁重的指令时，就会发生这种情况。例如，由除法单元完成的除法和平方根运算，可能比其他指令花费更长的时间。
- 软件指令之间的依赖关系　它表明程序数据流或指令流中的依赖关系限制了性能。例如，依赖于浮点数的长延迟算术运算会导致低指令级并行（Instruction Level Parallelism，ILP）。

本节将讨论常见的优化手段，比如函数内联、向量化和循环优化。这些优化手段的目标是减少执行指令的总量，从技术上讲，它们对高退休指标的负载也很有帮助。但是，我认为在这里讨论这些优化也是合适的。

8.2.1　函数内联

函数内联是将对函数F的调用替换为直接使用实际特定参数的函数F内部的代码。内联是最重要的编译优化之一，不仅因为它消除了调用函数的开销[一]，也因为它支持其他优化手段。当编译器内联某个函数时，编译器的分析范围会扩大到更大的代码块。然而，内联也有缺点，它可能会增加编译结果（二进制文件）大小和编译时间[二]。

在很多编译器中，函数内联的主要机制依赖于某种成本模型。例如，对于LLVM编译器，它是基于计算成本和每个函数调用（调用点）次数的阈值。如果开销小于阈值，就会发生内联。通常，内联函数调用的成本是基于该函数中指令的数量和类型计算的。阈值通常是固定的，在某些情况[三]下也可以是变化的。围绕通用的成本模型有很多探索，例如：

- 小函数（封装）几乎总是内联的。

[一] 调用函数的开销通常包括执行CALL、PUSH、POP和RET指令的开销。PUSH系列指令称为“序言”，POP系列指令称为“尾语”。

[二] https://aras-p.info/blog/2017/10/09/Forced-Inlining-Might-Be-Slow/。

[三] 比如，1) 当函数声明有内联注解时；2) 当函数有剖析数据时；3) 当编译器针对二进制文件大小（-Os）而不是针对性能优化（-O2）时。

- 具有单个调用点的函数更适合内联。
- 大型函数通常不会被内联，因为这会使调用方函数的代码膨胀。

此外，内联也有一些不适用的场景：

- 递归函数不能内联自身。
- 通过指针调用的函数可以用内联来代替直接调用，但必须保留在二进制文件中，也就是说，不能完全内联或消除。对于有外部链接的函数，也是如此。

如前所述，编译器倾向于使用成本模型方法来决定是否内联函数，这在现实场景中通常表现得很好。一般来说，依赖编译器来做出所有内联决策并在需要时进行调整是一个很好的策略。成本模型无法考虑到所有可能的情况，这就给开发者留下了改进空间。有时，编译器需要开发者提供一些特殊提示。在程序中寻找潜在内联对象的一种方法是分析剖析数据，尤其是分析函数的“序言”和“尾语”有多频繁。下面是一个函数剖析示例[1]，其序言和尾语约占用该函数 50% 的运行时间：

```
Overhead |  Source code & Disassembly
   (%)   |  of function 'foo'
--------------------------------------------
    3.77 :  418be0:  push   r15       # prologue
    4.62 :  418be2:  mov    r15d,0x64
    2.14 :  418be8:  push   r14
    1.34 :  418bea:  mov    r14,rsi
    3.43 :  418bed:  push   r13
    3.08 :  418bef:  mov    r13,rdi
    1.24 :  418bf2:  push   r12
    1.14 :  418bf4:  mov    r12,rcx
    3.08 :  418bf7:  push   rbp
    3.43 :  418bf8:  mov    rbp,rdx
    1.94 :  418bfb:  push   rbx
    0.50 :  418bfc:  sub    rsp,0x8
    ...
    #                                 # function body
    ...
    4.17 :  418d43:  add    rsp,0x8   # epilogue
    3.67 :  418d47:  pop    rbx
    0.35 :  418d48:  pop    rbp
    0.94 :  418d49:  pop    r12
    4.72 :  418d4b:  pop    r13
    4.12 :  418d4d:  pop    r14
    0.00 :  418d4f:  pop    r15
    1.59 :  418d51:  ret
```

[1] https://easyperf.net/blog/2019/05/28/Performance-analysis-and-tuning-contest-3#inlining-functions-with-hot-prolog-and-epilog-265。

这可能是一个强烈的提示，表示如果内联该函数的话，可以节省它的序言和尾语消耗的时间。请注意，即使序言和尾语使用很频繁，也不一定意味着内联该函数对性能有益。内联会触发许多变化，因此很难预测最终的结果。一定要测量修改代码后的性能，以确定函数是否真的有必要强制内联。

对于 GCC 和 Clang 编译器，可使用 C++11 `[[gnu::always_inline]]` 属性[⊖]注解函数 `foo` 进行强制内联，如下面的代码示例所示。对于 MSVC 编译器，可使用 `__forceinline` 关键字。

```
[[gnu::always_inline]] int foo() {
    // foo body
}
```

8.2.2 循环优化

循环几乎是所有高性能（HPC）程序的核心。由于循环代表着一段会被执行很多次的代码，因此大部分的执行时间都消耗在循环中。这样的关键代码段上的小修改，往往会对程序的性能有很大影响，这就是认真分析程序中的热点循环及了解可能的优化方案如此重要的原因。

要想高效地优化循环，理解循环瓶颈的原理非常重要。一旦找到最耗时的循环，就要试着分析产生瓶颈的原因。通常，循环的性能被内存时延、内存带宽或机器的计算能力中的一种或几种限制。屋顶线性能模型（见 5.5 节）是很好的基于硬件理论最大值评估不同循环性能的入手点。自顶向下微架构分析（见 6.1 节）是另一种处理这种瓶颈的方法。

本节将讨论解决上述瓶颈的常见循环优化方法。首先，我们讨论只会在循环内部移动代码的低层优化，这种优化通常会使循环内部的计算更高效。然后，我们再讨论重构循环的高层优化，这种优化通常会影响多个循环。第二种优化通常旨在提升内存访问，消除内存带宽和内存时延问题。注意，这里没有讨论所有已发现的循环转换，关于下面讨论的各种转换的更多信息，请参考文献（Cooper & Torczon，2012）。

编译器可以自动识别进行某种循环转换的机会。然而，有时也可能需要开发者介入才能达到预期的结果。本节也将讨论发现循环中性能提升机会的可能方法。理解对

⊖ 对于较早的 C++ 标准，可以使用 `__attribute__((always__inline))`。

给定循环进行哪些转换及编译器的哪些优化无法取得相应效果，是性能调优成功的关键。最后，我们讨论另一种使用多面体（polyhedral）框架进行循环优化的替代方案。

8.2.2.1 低层优化

首先，我们将讨论简单的循环优化，即转换循环内部的代码：循环不变代码外提（Loop Invariant Code Motion，LICM）、循环展开（Loop Unrolling）、循环强度折减（Loop Strength Reduction，LSR）和循环判断外提（Loop Unswitching）。这类优化通常能帮助提升高算术强度（见 5.5 节）类型循环的性能，例如，当循环被 CPU 计算能力限制时。通常，编译器善于做这样的转换，然而，有些场景还是需要开发者的支持，针对这种情况我们将在后面进行讨论。

循环不变代码外提（LICM） 循环中永远不会改变的计算表达式称为循环不变量。因为在循环迭代中它们的值不会改变，所以我们可以将循环不变量移到循环外。为此，我们将计算结果存储在临时变量中，并在循环内使用该临时变量（请见代码清单 28）。

代码清单 28 循环不变代码外提

```
for (int i = 0; i < N; ++i)                for (int i = 0; i < N; ++i) {
  for (int j = 0; j < N; ++j)      =>        auto temp = c[i];
    a[j] = b[j] * c[i];                      for (int j = 0; j < N; ++j)
                                               a[j] = b[j] * temp;
                                           }
```

循环展开 归纳变量是循环中的某个变量，其值是循环迭代次数的函数，例如 `v=f(i)`，其中 `i` 是迭代次数。在循环中，每次迭代都会修改归纳变量，所以开销可能会比较高。我们可以展开循环，为归纳变量的每个增量执行多次迭代（请见代码清单 29）。

代码清单 29 循环展开

```
for (int i = 0; i < N; ++i)              for (int i = 0; i < N; i+=2) {
  a[i] = b[i] * c[i];            =>        a[i] = b[i] * c[i];
                                           a[i+1] = b[i+1] * c[i+1];
                                         }
```

循环展开的主要好处是每次迭代都执行更多的计算。在每次迭代结束时，索引值会增加并被检查，如果还有更多的迭代要处理，程序会再次跳转到循环的开头。这个过程被称为循环“税”，它是可以被削减的。通过将代码清单 29 中的循环以 2 倍的方式展开，可将执行的比较指令和分支指令的数量减少一半。

尽管循环展开是很常见的优化，许多人还是对此感到困惑并尝试手动展开循环。但是，我不建议开发者手动展开任何循环。首先，编译器非常擅长展开循环，并且通常会用最佳方式来展开。其次，借助乱序投机执行引擎（请见第 3 章），处理器具有“内嵌的展开器”。当处理器正在等待第一次迭代的加载完成时，它可能会投机地执行第二次迭代的加载。该动作跨越了多次迭代，有效地从 ROB 角度展开了循环。

循环强度折减（LSR） LSR 的思想是用开销更小的指令替代开销高的指令，这种转换可以应用于所有使用归纳变量的表达式。LSR 通常应用于数组索引。编译器通过分析变量的值在循环迭代中的演变[⊖]方式来实现 LSR（请见代码清单 30）。

代码清单 30 循环强度折减

```
for (int i = 0; i < N; ++i)                   int j = 0;
  a[i] = b[i * 10] * c[i];         =>         for (int i = 0; i < N; ++i) {
                                                a[i] = b[j] * c[i];
                                                j += 10;
                                              }
```

循环判断外提 如果循环内部有不变的判断条件，则可以将它移到循环外。这可以通过在 `if` 和 `else` 子句中分别复制循环体的相应版本来实现（请见代码清单 31）。虽然循环判断外提会让代码翻倍，但每个新的循环都可以单独优化了。

代码清单 31 循环判断外提

```
for (i = 0; i < N; i++) {                    if (c)
  a[i] += b[i];                                for (i = 0; i < N; i++) {
  if (c)                          =>             a[i] += b[i];
    b[i] = 0;                                    b[i] = 0;
}                                              }
                                             else
                                               for (i = 0; i < N; i++) {
                                                 a[i] += b[i];
                                               }
```

8.2.2.2 高层优化

还有一类循环转换，这种优化会改变循环的结构并经常会影响多个嵌套循环。本节将讨论循环交换（Loop Interchange）、循环分块（Loop Blocking 或 Loop Tiling）及循环合并与拆分。这种转换旨在提升内存访问性能，消除内存带宽与时延瓶颈。从编译

⊖ 在 LLVM 中，它被称为标量演进（Scalar Evolution，SCEV）。

器角度来看，自动且合法地实现高层优化转换非常困难。通常，也很难证明本节提到的这些优化的效果。从这个角度讲，因为开发者只需要关心他们自己的特定代码段中转换的合法性，而无须关心所有可能发生的场景，所以对开发者来说没有那么糟。不幸的是，这也意味着开发者很多时候必须手动进行此类转换。

循环交换 它是一个交换嵌套循环嵌套顺序的过程。在此过程中，内循环中使用的归纳变量切换到外循环，外循环中使用的归纳变量切换到内循环。代码清单 32 展示了一个交换 i 和 j 嵌套循环的例子。循环交换的主要目的是对多维数组的元素执行顺序内存访问。跟随元素在内存中的布局顺序，可以改善内存访问的空间局部性并使代码对缓存更加友好（请见 8.1.1 节），这种转换有助于消除内存带宽和内存时延瓶颈。

代码清单 32 循环交换

```
for (i = 0; i < N; i++)                       for (j = 0; j < N; j++)
  for (j = 0; j < N; j++)            =>          for (i = 0; i < N; i++)
    a[j][i] += b[j][i] * c[j][i];                  a[j][i] += b[j][i] * c[j][i];
```

循环分块 该转换是将多维循环执行范围拆分为若干循环块，使得每块访问的数据都可以与 CPU 缓存大小适配[㊀]。如果算法处理大型多维数组并对其元素进行跨越式的访问，那么缓存利用率可能会很差，因为每次这样的访问都可能把将来请求访问的数据清出缓存（缓存移除）。通过将算法划分为更小的多维块，可以确保循环中使用的数据在缓存中保留到这些数据被再次使用。

在代码清单 33 展示的例子中，算法会在进行数组 a 元素的行优先遍历的同时进行数组 b 的列优先遍历。循环嵌套可以划分为更小的块，以最大限度地重用数组 b 的元素。

代码清单 33 循环分块

```
// linear traversal                          // traverse in 8*8 blocks
for (int i = 0; i < N; i++)                  for (int ii = 0; ii < N; ii+=8)
  for (int j = 0; j < N; j++)        =>       for (int jj = 0; jj < N; jj+=8)
    a[i][j] += b[j][i];                         for (int i = ii; i < ii+8; i++)
                                                 for (int j = jj; j < jj+8; j++)
                                                  a[i][j] += b[j][i];
```

循环分块是一种广为人知的通用矩阵乘法（GEneral Matrix Multiplication，GEMM）优化算法，它可以强化内存访问的缓存重用，同时优化算法的内存带宽和内存时延。

㊀ 通常，工程师会针对 L2 缓存的大小优化分块算法，因为 L2 缓存是每个 CPU 核私有的。

循环合并与拆分 当多个独立循环在相同的范围内迭代，并且不互相引用彼此的数据时，它们可以融合在一起。代码清单34中展示了循环合并的例子。循环被分成多个独立循环时，称为循环拆分。

代码清单34 循环合并与拆分

```
for (int i = 0; i < N; i++)                for (int i = 0; i < N; i++) {
  a[i].x = b[i].x;                           a[i].x = b[i].x;
                                    =>       a[i].y = b[i].y;
for (int j = 0; j < N; j++)                }
  a[i].y = b[i].y;
```

循环合并有助于减少循环开销（参见有关循环展开的讨论），因为两个循环可以使用相同的归纳变量。此外，循环合并还可以改善内存访问的时间局部性。在代码清单34中，如果结构体的x和y成员恰好位于同一缓存行上，那么最好将两个循环合并，因为可以避免将同一缓存行加载两次。这将减少缓存占用空间，提高内存带宽利用率。

然而，循环合并并不是总能提高性能，有时将循环拆分为多条路径、预过滤数据、对数据进行排序和重组等可能更好。将大循环拆分成多个小循环限制了循环每次迭代所需的数据量，可以有效增强内存访问的时间局部性，这有助于解决通常在大循环中发生的缓存高度争用的问题。循环拆分还可以减小寄存器压力，因为在循环的每次迭代中执行的操作更少了。此外，将大循环拆分成多个小循环可能会提高CPU前端性能，因为指令缓存利用率更高（见第7章）。最后，在循环拆分时，每个小循环都可以通过编译器进一步单独优化。

8.2.2.3 发现循环优化的机会

如前所述，编译器会完成循环优化相关的繁重工作。你可以指望编译器对循环代码完成所有显而易见的改进，比如消除不必要的工作，完成各种窥孔优化等。有时，编译器足够智能，可以在默认情况下生成循环的快速版本，但有些时候，开发者必须自己重写代码来帮助编译器。如前所述，从编译器的角度来看，合法且自动地进行循环转换非常困难。通常，当无法证明转换的合法性时，编译器必须选择保守选项。

思考一下代码清单35中的代码。编译器不能将表达式`strlen(a)`移出循环体。因此，循环每次迭代中都会检查是否到达了字符串的末尾，这显然很慢。编译器无法把调用提到循环外的原因是，可能存在数组 a 和 b 内存区域重叠的情况。在这种情况下，将 strlen(a) 移到循环外是非法的。如果能够确定内存区域不重叠，则可以使用 restrict 关键字声明函数 foo 的两个参数，即 char* __restrict__ a。

代码清单 35 不能把 strlen 函数移到循环外

```
void foo(char* a, char* b) {
  for (int i = 0; i < strlen(a); ++i)
    b[i] = (a[i] == 'x') ? 'y' : 'n';
}
```

有时，编译器可以通过编译器优化报告告诉我们失败的转换（见 5.7 节）。然而，在这种情况下，Clang10.0.1 和 GCC10.2 都无法明确指出表达式 strlen(a) 没有被移到循环之外。明确这一点的唯一方法是，基于应用程序的剖析文件分析生成的汇编代码的热点部分。虽然分析机器码比较困难，需要具备阅读汇编语言的基本能力，但分析机器码是非常有帮助的。

首先，合理的优化策略是先尝试容易的优化方案，开发者可通过编译器优化报告或者检查循环机器码来查看是否有简单的优化点。有时，可以基于用户的反馈来调整编译器转换方案。例如，当我们发现编译器在 4 倍展开循环时，也许可以检查一下展开更多的倍数是否可以将性能提升得更高。大多数编译器都支持 #pragma unroll(8) 注解语句，它可以告诉编译器使用开发者指定的展开因子。还有一些其他的编译器注解，它们可以控制某些转换，例如循环向量化、循环拆分等。如果要获得完整编译器注解的列表，请查看编译器手册。

然后，开发者需要明确循环中的瓶颈，并基于硬件理论最大值评估性能。可以先使用屋顶线性能模型（见 5.5 节）指出要分析的瓶颈点。循环的性能受限于一种或多种因素：内存时延、内存带宽或机器的计算能力。一旦确定了循环的瓶颈，开发者就可以尝试使用本节前面讨论的某种转换进行调优。

> **个人经验** 尽管对于特定的计算问题都有常用的优化技术，但在很大程度上，循环优化是一种基于经验的“黑魔法”。作者建议尽量依赖编译器做编译优化，仅手动做些必要的转换作为补充。最后，尽可能保持代码简单，如果性能收益不明显，就不要做不合理的复杂更改。

8.2.2.4　使用循环优化框架

多年来，研究人员开发了不少检查循环转换的合法性并自动转换循环的技术，其中一项技术就是多面体框架。GRAPHITE[㊀]是第一组被集成到产品化编译器中的多面体工具之一。GRAPHITE 基于多面体信息执行一组经典的循环优化，这些多面体信息是从 GIMPLE（GCC 的低级中间表示）中提取的。GRAPHITE 已经展示了该方法的可行性。

基于 LLVM 的编译器使用的是自己的多面体框架：Polly[㊁]。Polly 是一个用于 LLVM 的高层循环和数据局部性优化器及优化基础设施，它使用基于整数多面体的抽象数学表示来分析和优化程序的内存访问模式。Polly 执行经典的循环转换，尤其是循环分块和循环合并，以提高数据局部性。该框架已在许多著名的基准测试程序上表现出显著的性能加速效果（Grosser et al.，2012）。下面这个例子展示了 Polly 将 Polybench 2.0[㊂]基准套件中的通用矩阵乘法（GEMM）内核的运行速度提高近 30 倍：

```
$ clang -O3 gemm.c -o gemm.clang
$ time ./gemm.clang
real    0m6.574s
$ clang -O3 gemm.c -o gemm.polly -mllvm -polly
$ time ./gemm.polly
real    0m0.227s
```

虽然 Polly 是一个强大的循环优化框架，但是它依然可能不适用于某些通用且重要的场景。LLVM 基础设施的标准优化流水线中没有启用 Polly，需要用户通过显式的编译器选项（`-mllvm -polly`）来启用它。在探索循环的加速方法时，使用多面体框架是一个切实可行的可选方案。

8.2.3　向量化

在现代处理器上，SIMD 指令的使用可以大幅提升常规的未向量化代码的运行速度。当软件工程师进行性能分析时，最高优先级的工作之一就是确保热点代码被编译器向量化。本节旨在指导工程师发现向量化的优化机会。要回顾现代 CPU SIMD 特性的相关信息，请见 3.7 节。

㊀ https://gcc.gnu.org/wiki/Graphite。

㊁ https://polly.llvm.org/。

㊂ https://web.cse.ohio-state.edu/ ~ pouchet.2/software/polybench/。

绝大部分向量化都不需要用户参与而自动完成（自动向量化），此时编译器自动识别从源代码生成SIMD机器码的机会。依靠自动向量化是一个很好的策略，因为现代编译器为输入的各种源代码生成快速的向量化代码。与之前给出的建议类似，作者建议让编译器完成向量化工作，仅在需要时进行手动干预。

在极少数情况下，需要软件工程师根据从编译器或剖析数据获得的反馈[⊖]来调整自动向量化。在这种情况下，程序员需要告诉编译器哪些代码区域是可向量化的，或者说向量化对其性能提升是有帮助的。现代编译器具有扩展接口，可以让高级用户直接控制向量化程序并确保代码的某些部分能实现高性能的向量化。下面将介绍几个使用编译器注解的例子。

需要重点注意的是，虽然对一些问题SIMD优化是很有价值的，但是自动向量化对这些问题可能没有作用，并且在未来也不太可能有作用，相关示例见文献（Muła & Lemire，2019）。如果无法让编译器生成所需的汇编指令，则可以使用编译器内建函数重写代码片段。在大多数情况下，编译器内建函数都提供与汇编指令一对一的映射（请见10.2节）。

> **个人观点** 尽管在某些情况下开发者需要使用编译器内建函数，但我还是建议开发者主要依赖编译器进行自动向量化，仅在必要时使用内建函数。使用编译器内建函数的代码类似于内联后的汇编代码，代码很快就会变得不可读。通常，我们可以使用编译注解等来调整编译器自动向量化。

通常，编译器会进行三种向量化：内循环向量化、外循环向量化和超字并行（Superword-Level Parallelism，SLP）向量化。本节主要讨论内循环向量化，因为它是最常见的。我们在附录B中提供了有关外循环向量化和SLP向量化的常用信息。

8.2.3.1 编译器自动向量化

编译器进行自动向量化的阻碍因素有很多，其中一些是编程语言的固有语义导致的。例如，编译器必须假设无符号循环索引可能溢出，这可能会阻止某些循环转换。另一个例子是，C语言假设程序中的指针可能指向重叠的内存区域，这可能导致程序分

⊖ 例如，编译器优化报告，见5.7节。

析非常困难。另一个主要阻碍因素是处理器本身，在某些情况下，处理器对某些操作没有有效的向量指令。例如，在大多数处理器上无法执行预测（位掩码控制）的加载和存储操作。另一个例子是带符号整数到双精度浮点数的向量范围格式转换，因为结果操作的是不同大小的向量寄存器。尽管有这些挑战，软件开发者仍可以通过规避的方式最终实现向量化。在后面的部分，我们将提供有关如何使用编译器以及如何确保热点代码被编译器向量化的指导。

向量化程序通常包含三个阶段：合法性检查、收益检查和转换：

- **合法性检查**　在本阶段，编译器检查使用向量化对循环（或者其他代码段）进行的转换是否合法。循环向量化程序检查循环的迭代是否连续，也就是检查循环是不是线性的。向量化程序还要确保循环中的所有内存和算术操作都可以扩展为连续的操作。在所有路径上所有的循环控制流是一致的，访存模式也是一致的。编译器需要确保生成的代码不会访问不该访问的内存，并且操作顺序需要被保留。编译器需要分析可能的指针范围，如果缺失某些信息，需要假定该转换是非法的。合法性检查阶段会收集满足循环向量化合法性的需求清单。
- **收益检查**　接下来，向量化程序检查转换是否有效。它通过比较不同的向量化因子识别出让程序运算速度最快的向量化因子。向量化程序使用成本模型来预测不同操作（例如标量加或向量加载）的成本。需要考虑添加的将数据转移到寄存器的指令，预测寄存器压力并估计循环保护的成本，以确保满足向量化要求的前提条件。检查收益的算法很简单：1）将代码中所有操作的成本相加；2）比较每个版本代码的成本；3）将成本除以预期的执行次数。例如，如果标量代码花费8个时钟周期，而向量化代码花费12个时钟周期但一次执行4个循环迭代，那么向量化版本的循环可能更快。
- **转换**　最后，在向量化程序确定转换合法且有收益后，就会转换代码。该过程还会插入启用向量化的保护代码。例如，大多数循环使用未知的迭代计数，因此编译器除了生成循环的向量化版本，还必须生成循环的标量版本，用以处理最后的几次迭代。编译器还必须检查指针是否重叠等。所有这些转换都是利用在合法性检查阶段收集的信息完成的。

8.2.3.2 探索向量化的机会

阿姆达尔定律（Amdahl's law）告诉我们应该只分析程序执行过程中使用最多的代码部分。因此，性能工程师应该聚焦在剖析工具突出显示的热点代码部分（请见 5.4 节）。如前所述，向量化最常应用于循环。

探索改进向量化的机会应该首先分析程序中的热点循环，检查编译器已经做了哪些优化。最简单的方法就是检查编译器向量化标记（请见 5.7 节）。现代编译器会报告某个循环是否被向量化，并提供其他的细节，如向量化因子（Vectorization Factor，VF）。在编译器无法对某个循环进行向量化时，它也会给出失败的原因。

除了使用编译器优化报告，另一种方法是检查程序的汇编输出，最好是分析剖析工具的输出，该输出展示了给定循环的源代码和生成的汇编指令之间的对应关系。然而，这种方法需要阅读和理解汇编语言的能力，可能需要一定的时间才能弄清楚编译器生成指令的语义[1]。该技能是高回报的，它经常能提供其他的见解。例如，可以发现生成的次优代码，如缺乏向量化、次优向量化因子，执行不必要的计算等。

开发者在尝试加速可向量化代码时，经常遇到一些情况。下面将介绍四种典型情况，并就如何处理每种情况给出了通用指导。

8.2.3.3 非法向量化

在某些情况下，迭代数组元素的代码确实无法向量化。向量化标记（remark）可以很清晰地解释出了什么问题以及为什么编译器不能对代码进行向量化。代码清单 36 展示了循环内部依赖阻塞向量化的例子[2]。

代码清单 36 向量化：写后读依赖

```
void vectorDependence(int *A, int n) {
  for (int i = 1; i < n; i++)
    A[i] = A[i-1] * 2;
}
```

虽然上述硬性限制导致某些循环无法向量化，但是当某些约束比较宽松时，其他

[1] 通过查看指令助记符或指令使用的寄存器名称，可以快速判断代码是否已向量化。向量指令操作打包数据（名称中包含 P）并使用 XMM、YMM 或 ZMM 寄存器。

[2] 一旦展开几次循环迭代，就很容易发现写后读依赖，请见 5.7 节的例子。

循环也可以被向量化。有些情况下，编译器无法向量化循环，只是因为它无法证明向量化是合法的。编译器通常非常保守，只有在确定不会破坏代码语义时才会进行转换。通过向编译器提供额外的提示，这类软限制可以被放宽。例如，在转换执行浮点运算的代码时，向量化可能会改变程序的行为。浮点加法和乘法是可交换的，这意味着交换左侧项和右侧项不改变结果：(a+b==b+a)。然而，这些操作是没有关联的，因为舍入发生在不同的时间点：((a+b)+c)!=(a+(b+c))。代码清单 37 中的代码不能被编译器自动向量化，这是因为向量化会将变量之和变成向量累加器，这会改变运算顺序，并可能导致不同的舍入决策和不同的结果。

代码清单 37 向量化：浮点运算

```
1 // a.cpp
2 float calcSum(float* a, unsigned N) {
3   float sum = 0.0f;
4   for (unsigned i = 0; i < N; i++) {
5     sum += a[i];
6   }
7   return sum;
8 }
```

但是，如果程序可以容忍最终结果中的一些不准确（这种情况很常见），我们可以将此信息提供给编译器，从而启用向量化。Clang 和 GCC 编译器都有一个编译选项 -ffast-math[⊖]，它支持这种类型的转换：

```
$ clang++ -c a.cpp -O3 -march=core-avx2 -Rpass-analysis=.*
...
a.cpp:5:9: remark: loop not vectorized: cannot prove it is safe to reorder
   floating-point operations; allow reordering by specifying '#pragma clang
   loop vectorize(enable)' before the loop or by providing the compiler
   option '-ffast-math'. [-Rpass-analysis=loop-vectorize]
...
$ clang++ -c a.cpp -O3 -ffast-math -Rpass=.*
...
a.cpp:4:3: remark: vectorized loop (vectorization width: 4, interleaved
   count: 2) [-Rpass=loop-vectorize]
...
```

我们看一下另一种典型情况，即编译器可能需要开发者支撑来执行向量化的情况。当无法证明循环是在操作没有重叠内存区域的数组时，编译器通常会做出安全的

⊖ 编译器参数 -Ofast 跟 -O3 编译级别一样，也启用了 -ffast-math。

选择。我们重新审视 5.7 节中提供的代码清单 9 中的例子，当编译器试图对代码清单 38 中的代码进行向量化时，通常无法完成，因为数组 a、b 和 c 的内存区域可能会重叠。

代码清单 38　a.c

```
1 void foo(float* a, float* b, float* c, unsigned N) {
2   for (unsigned i = 1; i < N; i++) {
3     c[i] = b[i];
4     a[i] = c[i-1];
5   }
6 }
```

下面是 GCC 10.2 输出的优化报告（使用参数 -fopt-info 启用）：

```
$ gcc -O3 -march=core-avx2 -fopt-info
a.cpp:2:26: optimized: loop vectorized using 32 byte vectors
a.cpp:2:26: optimized:  loop versioned for vectorization because of possible
   aliasing
```

GCC 已经识别到数组 a、b 和 c 的内存区域之间存在潜在重叠，并创建了同一循环的多个版本。编译器插入运行时检查[1]用以检查内存区域是否有重叠，根据检查结果在向量化和标量化[2]版本之间进行选择。在这种情况下，向量化带来了插入运行时检查的潜在高开销成本。如果开发者知道数组 a、b 和 c 的内存区域不重叠，则可在循环前面插入 #pragma GCC ivdep[3]，或像代码清单 10 那样使用 __restrict__ 关键字，有了这些编译器注解就不需要 GCC 编译器插入前面提到的运行时检查了。

从本质上讲，编译器是静态工具，它们仅根据所处理的代码进行推理。例如，一些动态工具，如 IntelAdvisor，可以检查在给定循环中是否真的发生了类似交叉迭代依赖或访问有重叠内存区域的数组等问题。注意，这些工具只提供建议，粗心地插入错误的编译器注解可能会引入问题。

8.2.3.4　无益的向量化

在某些场景下，编译器虽然可以对循环进行向量化，但是认为向量化没有收益。对代码清单 39 中展示的代码，编译器可以向量化对数组 A 的内存访问，但是需要把数

[1] https://easyperf.net/blog/2017/11/03/Multiversioning_by_DD。

[2] 但是循环的标量版本仍可以展开。

[3] 这是 GCC 独有的编译注解，对于其他编译器，请查看相应的手册。

组 B 的访问拆分为多个标量化加载。由于分散 / 聚集访存模式成本相对比较高昂，具备模拟运算成本能力的编译器通常会避免使用此类模式对代码进行向量化。

代码清单 39　向量化：没有收益

```
1 // a.cpp
2 void stridedLoads(int *A, int *B, int n) {
3   for (int i = 0; i < n; i++)
4     A[i] += B[i * 3];
5 }
```

下面是代码清单 39 中代码的编译器优化报告：

```
$ clang -c -O3 -march=core-avx2 a.cpp -Rpass-missed=loop-vectorize
a.cpp:3:3: remark: the cost-model indicates that vectorization is not
   beneficial [-Rpass-missed=loop-vectorize]
  for (int i = 0; i < n; i++)
  ^
```

如代码清单 40 所示，开发者可以使用 `#pragma` 注解强制 Clang 编译器对循环进行向量化。但是，请记住向量化是否有收益很大程度上取决于运行时数据，比如循环的迭代次数。由于没有这些信息[1]，因此编译器通常倾向于保守选择。开发者可以使用此类注解来挖掘性能余量。

代码清单 40　向量化：没有收益（使用 #pragma 注解）

```
1 // a.cpp
2 void stridedLoads(int *A, int *B, int n) {
3 #pragma clang loop vectorize(enable)
4   for (int i = 0; i < n; i++)
5     A[i] += B[i * 3];
6 }
```

开发者应该意识到使用向量化代码的隐藏成本，使用 AVX（尤其 AVX512）向量指令会导致大幅度地降频，所以使用 AVX512 指令向量化代码，需要这部分代码必须足够热[2]。

8.2.3.5　循环已被向量化但使用的是标量版本

在某些场景下，编译器成功地向量化了代码，但是在剖析工具中没有看到向量化的代码。在检查循环的相应汇编代码时，通常很容易找到循环体的向量化版本，因为它使用了程序其他部分不常用的向量寄存器，它的代码是展开的，插入了检查，还有

---

[1] PGO 优化（见 7.7 节）除外。

[2] https://travisdowns.github.io/blog/2020/01/17/avxfreq1.html。

用于适配不同边缘情况的多个版本。

如果生成的向量化代码不能运行，可能是因为编译器生成代码的假定循环次数高于程序真正使用的次数。例如，为了在现代 CPU 上有效地进行向量化，程序员需要利用 AVX2 向量化并展开循环 4 ～ 5 次，以便为流水线 FMA 单元生成足够的内容。这意味着每次循环迭代需要处理大约 40 个元素。许多循环可能以低于此值的循环迭代次数运行，并且可能回退到使用标量版本来处理剩余循环。这种情况很容易检测到，因为这时标量化处理的剩余循环代码在剖析工具中会被高亮标记（热点），而向量化的代码不会被高亮标记（非热点）。

该问题的解决方案是，强制向量化程序使用较小的向量化因子或展开计数以减少循环处理的元素数量，并使用更多具有较小迭代次数的循环来访问快速向量化的循环体。开发者可以使用 `#pragma` 注解实现该方案，Clang 编译器可使用 `#pragma clang loop vectorize_width(N)`[⊖]。

8.2.3.6 次优的循环向量化

当循环被向量化且在运行时被执行时，大多数情况下这部分程序已经运行良好。但是，也有例外情况，有时人可以想出比编译器生成的更好的代码。

多种因素导致最佳的向量化因子可能并不直观。首先，人很难在头脑中模拟 CPU 的运行情况，除了在真机上多尝试几种配置之外，别无他法。涉及多个向量通道的向量重组的成本可能比预期更高或更低，这取决于许多因素。其次，程序在运行时可能会以不可预测的方式运行，这取决于端口压力和许多其他因素。建议尝试强制向量化程序选取具体的向量化因子和展开因子并测量结果。可以使用向量化编译注解枚举不同的向量化因子并找出性能最高的。每个循环可能的配置相对较少，在典型输入上运行循环是人可以做到而编译器无法做到的。

最后，在某些情况下，循环的标量（非向量化）版本可能比向量化版本性能更好。这可能是由于高开销的向量操作（例如 `gather/scatter` 加载、掩码、重排等）导致的。性能工程师可以尝试以不同的方式禁用向量化，Clang 可以通过编译选项 `-fno-vectorize` 和 `-fno-slp-vectorize` 实现，也可以针对目标循环使用特定注解，例如 `#pragma clang loop vectorize(enable)`。

⊖ https://easyperf.net/blog/2017/11/09/Multiversioning_by_trip_counts。

8.2.3.7　使用具有显式向量化的语言

向量化也可以通过专门的并行计算编程语言重写部分程序来实现，这些语言基于程序数据的特殊结构和知识来高效地将代码编译成并行程序。最初，此类语言主要用于将工作传递到特定处理单元，例如图形处理单元（Graphics Processing Unit，GPU）、数字信号处理器（Digital Signal Processor，DSP）或现场可编程门阵列（Field-Programmable Gate Array，FPGA）。其中也有一些编程模型是面向 CPU 的（例如 OpenCL 和 OpenMP）。

Intel 隐式 SPMD 程序编译器（Implicit SPMD Program Compiler，ISPC）[1]就是一种这样的并行语言，本节将进行简单介绍。ISPC 语言是基于 C 编程语言的，以 LLVM 编译器为基础编译架构，可为不同架构编译生成优化代码。ISPC 的关键特性是“接近机器”（close to the metal）的编程模型和跨 SIMD 架构的性能可移植性。这需要程序员改变传统编写程序的思维，但是可以更好地控制 CPU 资源利用率。

ISPC 的另一个优点是具有互操作性和易用性。ISPC 编译器可以生成标准的目标文件，可以链接传统 C/C++ 编译器生成的代码。ISPC 代码可以轻松地集成到任何本地项目，因为本地代码可以像调用 C 代码一样调用 ISPC 函数。

代码清单 41 展示了我们在代码清单 37 中介绍过的一个函数的用 ISPC 重写的简单示例。ISPC 假设程序通过基于目标指令集的并行多实例运行。例如，当使用带有浮点数的 SSE 时，它可以并行计算 4 个操作。每个程序实例都会对 `i` 的向量值 `(0, 1, 2, 3)` 进行运算，然后是 `(4, 5, 6, 7)`，依此类推一次有效地计算 4 个和。正如从代码中看到的，ISPC 代码使用了一些对 C 和 C++ 来说并不常用的关键字：

- `export` 关键字表示函数可以被 C 兼容语言调用。
- `uniform` 关键字表示变量在程序中的多个实例共享。
- `varying` 关键字表示变量在每个程序实例中都有自己的本地副本。
- `foreach` 关键字跟经典的 `for` 循环一样，除了可以向不同的程序实例中分发任务。

[1] https://ispc.github.io/。

代码清单 41 ISPC 版本的数组元素求和

```
export uniform float calcSum(const uniform float array[],
                             uniform ptrdiff_t count)
{
    varying float sum = 0;
    foreach (i = 0 ... count)
        sum += array[i];
    return reduce_add(sum);
}
```

由于函数 calcSum 返回一个值（uniform 变量），并且 sum 变量是一个 varying 变量，所以需要通过 reduce_add 函数收集每个程序实例的值。为了适配未正确对齐或非向量宽度倍数的数据，ISPC 还负责按需生成剥离循环和剩余循环。

“接近机器”编程模型 传统 C 和 C++ 语言有个问题，就是编译器并不总是能对关键代码进行向量化。程序员经常需要使用编译器内建函数（见 10.2 节）来绕过编译器的自动向量化，但是这通常很难并且在出现新指令集时还需要更新代码。ISPC 通过默认每个操作都是 SIMD 结构来解决该问题，例如，ISPC 语句 sum+=array[i] 被隐式地视为 SIMD 操作，并行地处理多个加法。ISPC 不是自动向量化编译器，不会自动发现向量化机会。由于 ISPC 语言与 C 和 C++ 非常相似，并且它允许开发者专注于算法而不是底层指令，因此它比使用内建函数要好得多。据报道，ISPC 已经在性能上追平（Pharr & Mark，2012）并击败了[⊖]手写内建函数代码。

性能可移植性 为了充分利用所有 CPU 可用资源，ISPC 能自动检测 CPU 特性。程序员只需编写一次 ISPC 代码，就可编译为多种向量指令集，如 SSE4、AVX 和 AVX2。ISPC 还可以为不同的 CPU 架构（如 x86CPU、ARMNEON）生成代码，并实验性地支持对 GPU 的卸载。

8.3 本章总结

- 大多数实际应用程序都会遇到与 CPU 后端相关的性能瓶颈，所有与内存以及低效计算相关的问题都属于这一类。

⊖ Unreal Engine 用 ISPC 重写了的部分用 SIMD 内建函数写的代码，实现了性能提升（https://software.intel.com/content/www/us/en/develop/articles/unreal-engines-new-chaos-physics-system-screams-with-in-depth-intel-cpu-optimizations.html）。

- 内存子系统的性能增长没有 CPU 快，然而，在许多应用程序中，内存访问是性能问题的常见根源，加速此类程序需要优化它们的访存方式。
- 8.1 节讨论了一些缓存友好型数据结构、内存预取和利用大内存页来提高 DTLB 性能的常见优化方法。
- 低效计算也是真实应用程序瓶颈的一大类。现代编译器很擅长通过执行许多不同的代码转换来消除不必要的计算开销。尽管如此，我们仍然有可能通过手动优化做得比编译器更好。
- 8.2 节展示了如何通过强制执行某些代码优化来挖掘程序中的性能余量，讨论了函数内联、循环优化和向量化等常见的编译器转换优化。

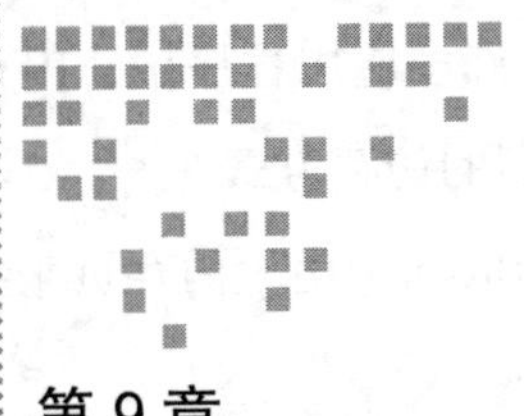

Chapter 9 第9章

优化错误投机

3.3.3 节介绍了现代 CPU 的投机执行特性，当经常发生分支预测错误时，会导致显著的性能劣化。当分支预测错误事件发生时，CPU 需要清理前面已经完成但是后面被证明是错误预测的投机工作。还需要刷新整条流水线，并用正确路径的指令填充它。通常，现代 CPU 发生分支预测错误时会有 15 ～ 20 个时钟周期的开销。

如今，处理器非常善于预测分支输出，它们不仅可以检测静态预测规则[㊀]，还能检测动态模式。通常，分支预测器会保留之前分支的输出记录，并尝试猜测下次的结果。然而，当分支的输出模式超过处理器分支预测器的能力时，也许会有负向性能影响。我们可以通过查看 TMA 的错误投机指标来看分支预测错误对程序的影响程度。

> **个人经验** 程序总会遇到分支预测错误，对于常规应用程序，有 5% ～ 10% 的“错误投机”率是正常的。我的建议是当该指标超过 10% 时才关注它。

由于分支预测器非常善于发现模式，以前的优化分支预测的建议已经不再有效。开发者原来通过分支指令前缀的方式（0x2E：`Branch Not Taken`，0x3E：`Branch Taken`）给处理器提供预测提示。虽然该技术可以在较老平台上提升性能，但是在较新

㊀ 例如，后向跳转总是被选取，绝大部分场景下，它可能是循环的回边。

的处理器[㊀]上已不再有收益了。

也许，唯一可以直接解决分支预测错误问题的方法就是消除分支本身。接下来，我们将看看如何使用查表和断言替换分支。

9.1 用查表替换分支

通常分支可以通过查表替换，代码清单42展示了一个可通过该转化优化的代码样例。函数 mapToBucket 将数值映射到对应的筒里。对于均匀分布的值 v，其将有相同的概率落入任何筒里。在基线版本生成的汇编代码中，我们可能会看到很多分支，这会导致较高的分支预测错误率。幸运的是，我们有机会像代码清单43那样通过查找单个数组的方法重写 mapToBucket 函数。

代码清单42 分支替换：基线版本

```
int mapToBucket(unsigned v) {
  if (v >= 0  && v < 10) return 0;
  if (v >= 10 && v < 20) return 1;
  if (v >= 20 && v < 30) return 2;
  if (v >= 30 && v < 40) return 3;
  if (v >= 40 && v < 50) return 4;
  return -1;
}
```

代码清单43中 mapToBucket 函数的汇编代码只会使用一个分支而不是多个。该函数中的一个典型热路径会执行未选取的分支和一个加载指令。因为我们期望绝大部分的输入值可以落入数组 buckets 的覆盖范围，所以 CPU 可以很好地预测保护越界访问的分支。此外，由于数组 buckets 相对较小，因此我们可以预计它会驻留在 CPU 缓存中，这会使对其的访问速度很快（Lemire，2020）。

代码清单43 分支替换：查表版本

```
int buckets[256] = {
    0, 0, 0, 0, 0, 0, 0, 0, 0, 0,
    1, 1, 1, 1, 1, 1, 1, 1, 1, 1,
    2, 2, 2, 2, 2, 2, 2, 2, 2, 2,
    3, 3, 3, 3, 3, 3, 3, 3, 3, 3,
    4, 4, 4, 4, 4, 4, 4, 4, 4, 4,
    5, 5, 5, 5, 5, 5, 5, 5, 5, 5,
```

㊀ 任何比奔腾4新的处理器。

```
    -1, -1, -1, -1, -1, -1, -1, -1, -1, -1,
    -1, -1, -1, -1, -1, -1, -1, -1, -1, -1,
    ... };

int mapToBucket(unsigned v) {
  if (v < (sizeof (buckets) / sizeof (int)))
    return buckets[v];
  return -1;
}
```

如果需要映射较大的值范围，分配一个非常大的数组并不实用。在这种场景下，我们也许可以使用间隔映射数组数据结构来实现该目标，其使用的内存更少但是有着对数级查询复杂度。读者可以在 Boost[1]和 LLVM[2]中找到间隔映射容器的现有实现。

9.2 用断言替换分支

通过执行分支的两条路径然后选取正确的结果（断言）可以有效消除分支，代码清单 44 展示了一个此类转换可能有收益的代码示例[3]。如果 TMA 表明 `if(cond)` 分支的错误投机指标非常高，可尝试通过执行代码清单 45 所示的转换来消除该分支。

代码清单 44　断言化分支：基线版本

```
int a;
if (cond) { // branch has high misprediction rate
  a = computeX();
} else {
  a = computeY();
}
```

代码清单 45　断言化分支：无分支版本

```
int x = computeX();
int y = computeY();
int a = cond ? x : y;
```

对于代码清单 45 中的代码版本，编译器可以消除分支并生成 CMOV 指令[4]。`CMOVcc` 指令检查 `EFLAGS` 寄存器（`CF`、`OF`、`PF`、`SF` 和 `ZF`）中一个或多个状态标志

---

[1] https://www.boost.org/doc/libs/1_65_0/libs/icl/doc/html/boost/icl/interval_map.html。
[2] https://llvm.org/doxygen/IntervalMap_8h_source.html。
[3] https://easyperf.net/blog/2019/04/10/Performance-analysis-and-tuning-contest-2#fighting-branch-mispredictions-9。
[4] 使用 `FCMOVcc`，`VMAXSS/VMINSS` 指令可以对浮点数进行类似的转换。

的状态，如果标志处于指定状态（或条件），则执行移动操作（Int，2020）。下面分别是基线版和改进版的汇编代码：

```
# baseline version
400504:   test   edi,edi
400506:   je     400514       # branch on cond
400508:   mov    eax,0x0
40050d:   call   <computeX>
400512:   jmp    40051e
400514:   mov    eax,0x0
400519:   call   <computeY>
40051e:   mov    edi,eax

  =>

# branchless version
400537:   mov    eax,0x0
40053c:   call   <computeX>  # compute x
400541:   mov    ebp,eax     # assign x to a
400543:   mov    eax,0x0
400548:   call   <computeY>  # compute y
40054d:   test   ebx,ebx     # test cond
40054f:   cmovne eax,ebp     # override a with y if needed
```

修改后的汇编序列中没有了原始的分支指令。然而，在第二个版本中，`x` 和 `y` 都是独立计算的，只有一个结果被选取。虽然该转换消除了分支预测错误的损失，但是有可能会比原始代码做更多的工作。在这种情况下，性能提升效果取决于 `computeX` 和 `computeY` 函数的特征。如果函数非常小且编译器可以内联它们，那么性能提升可能非常明显。如果函数比较大，分支预测错误的成本可能比执行两个函数的成本要小。

需要注意的是，断言并不总是能给应用程序带来性能提升，断言的问题是它会限制 CPU 的并行执行能力。对于代码清单 44 中的代码段，CPU 可以选择 `if` 条件的 `true` 分支，然后继续投机执行计算 `a=computeX()` 值的代码。例如，如果后续有使用 `a` 来索引数组中元素的加载指令，该加载指令可以在我们知道 `if` 分支真实输出前就被发射到流水线。对于代码清单 45 中的代码，因为 CPU 不能在 `CMOVNE` 指令完成前发射加载指令，所以这种类型的投机执行是不可能的。

二分搜索是一个对基线版本和无分支版本代码进行权衡选择的典型例子[⊖]：

- ❑ 对于在超过 CPU 缓存大小的大数组搜索的场景，基于分支的二分搜索版本表现得更好，因为分支预测错误导致的性能损耗相比内存访问延迟（由于缓存未命

⊖ https://stackoverflow.com/a/54273248。

中延迟比较高）造成的更小。由于分支已经准备好了，因此 CPU 能预测它们的输出，这让 CPU 可以同时加载当前迭代和下一次迭代对应的数组元素。这个动作并没有就此结束：投机执行仍会继续，可能同时有多个加载指令在执行。

- 对于能够全部填充到 CPU 缓存中的小数组，情况正好相反。如前所述，无分支搜索会将所有内存访问操作串行化。但是因为数组大小跟 CPU 缓存相匹配，加载时延比较小（只有几个时钟周期）。而基于分支的二分搜索会持续产生预测错误，其损耗大约有 20 个时钟周期。在这种情况下，错误预测的成本远远超过内存访问，从而阻碍了投机执行的性能收益，这时无分支版本通常更快。

二分搜索是一个很好的例子，它展示了在基线实现和无分支实现之间选择时该如何分析推理。真实的场景可能更难分析，因此再次强调，一定要测量以确定替换分支是否有收益的。

9.3 本章总结

- 现代处理器非常善于预测分支输出，所以，我建议只有在 TMA 报告显示错误投机指标高时才尝试解决分支预测错误问题。
- 当 CPU 分支预测器难以预测分支输出模式时，应用程序的性能可能会受到影响。在这种场景下，无分支版本的算法会更好。本章展示了如何使用查表和断言替换分支。在某些情况下，如文献（Kapoor，2009）所述，也有可能使用编译器内建函数来消除分支。
- 无分支算法并不总是有收益的，一定要测试它是否真的更好。

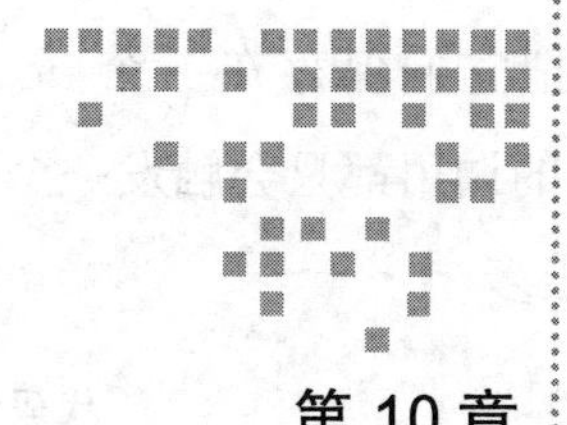

第 10 章 Chapter 10

其他调优

本章将讨论前面三章中没有覆盖到，但是仍有必要在本书中介绍一下的优化主题。

10.1 编译时计算

如果程序中包含不依赖输入的计算，那么这些计算可以提前在编译时计算而不是在运行时计算。现代优化编译器已经把大量计算移到了编译时，尤其像将 `int x=2*10` 转化为 `int x=20` 的简单例子。不过，当涉及分支、循环、函数调用时，不能在编译时处理更复杂的计算。C++ 语言提供了一些特性，可以确保某些计算在编译时完成。

在 C++ 语言中，可以通过各种元编程技术把计算移到编译时。在 C++11/14 之前，开发者使用模板来完成该工作。理论上，任何算法都可以用模板元编程来表达，然而该方法在语法上往往很迟钝并且通常编译起来很慢。尽管如此，该方法还是成功地实现了一类新的优化。幸运的是，随着新 C++ 标准的发展，元编程逐渐变得简单多了。C++14 标准提供了 `constexpr` 函数，C++17 标准通过 `if constexpr` 关键字提供了编译时分支。这种新的元编程方式提供了许多编译时计算，而不牺牲代码的可读性（Fog，2004）。

代码清单 46 展示了一个通过把计算移到编译时来优化应用程序的例子。假设程序涉及对素数的检查。如果我们知道被测数据大部分都小于 1024，那么可以提前计算结果并把它们保存在一个 constexpr 数组 primes 中。在运行时，绝大部分对 isPrime 的调用都只会触发一个从 primes 数组的加载指令，这会比在运行时进行计算耗时少很多。

代码清单 46　编译时预计算素数

```
constexpr unsigned N = 1024;

// function pre-calculates first N primes in compile-time
constexpr std::array<bool, N> sieve() {
  std::array<bool, N> Nprimes{true};
  Nprimes[0] = Nprimes[1] = false;
  for(long i = 2; i < N; i++)
    Nprimes[i] = true;
  for(long i = 2; i < N; i++) {
    if (Nprimes[i])
      for(long k = i + i; k < N; k += i)
        Nprimes[k] = false;
  }
  return Nprimes;
}

constexpr std::array<bool, N> primes = sieve();

bool isPrime(unsigned value) {
  // primes is accessible both in compile-time and runtime
  static_assert(primes[97], "");
  static_assert(!primes[98], "");
  if (value < N)
    return primes[value];
  // fall back to computing in runtime
}
```

10.2 编译器内建函数

有些应用程序有非常少的热点，它们需要深度调优。然而，编译器并不总能在那些热点处生成我们想要的代码。例如，程序在循环中做了一些计算，但是编译器对其进行了次优的向量化。这通常涉及复杂或特有的算法，我们可以为它们生成更好的指令序列。使用 C 和 C++ 语言的标准结构让编译器生成期望的汇编代码非常困难，甚至是不可能的。

幸运的是，可以强制编译器产生专门的汇编指令而不用编写底层的汇编语言。为了达到目的，我们可以使用编译器的内建函数，它们会被翻译成专门的汇编指令。内建函数提供与使用内联汇编代码相同的收益，但是它们也会增强代码可读性，提供编译类型检查，助力指令调度并帮助减少调试。代码清单 47 展示了如何通过编译器内建函数（函数 bar）实现与函数 foo 中相同循环编码的例子。

代码清单 47 中的两个函数会产生相同的汇编指令。但是，有几点需要注意。首先，当依赖自动向量化时，编译器会插入所有需要的运行时检查。例如，它需要确保有足够的元素提供给向量执行单元。其次，函数 foo 需要有一个回退的循环标量版本，用于处理循环的剩余部分。最后，大部分向量化内建函数需要使用对齐的数据，所以编译器为 bar 生成的是 movaps（对齐加载指令），而为 foo 生成的是 movups（非对齐加载指令）。一定要记住，使用编译器内建函数的开发者必须自己处理安全方面的问题。

当使用平台独有的（不可移植到其他平台）内建函数写代码时，开发者需要为其他架构平台提供后备选项。Intel 平台的可用内建函数列表见 https://software.intel.com/sites/landingpage/IntrinsicsGuide/。

代码清单 47　编译器内建函数

```
1 void foo(float *a, float *b, float *c, unsigned N) {
2   for (unsigned i = 0; i < N; i++)
3     c[i] = a[i] + b[i];
4 }
5
6 #include <xmmintrin.h>
7
8 void bar(float *a, float *b, float *c, unsigned N) {
9   __m128 rA, rB, rC;
10  for (int i = 0; i < N; i += 4){
11    rA = _mm_load_ps(&a[i]);
12    rB = _mm_load_ps(&b[i]);
13    rC = _mm_add_ps(rA,rB);
14    _mm_store_ps(&c[i], rC);
15  }
16 }
```

10.3 缓存预热

第 7 章和 8.1.1 节介绍了指令缓存和数据缓存及它们对性能的影响，探讨了利用它们使性能最大化的特定技术。然而，在一些应用负载中时延最敏感部分的代码执行频率最低，这会导致这些功能代码块和相关数据在一段时间后在代码缓存和数据缓存因为老化而被换出。然后，在需要执行很少被执行的关键代码片段时，会遇到指令缓存和数据缓存未命中导致的性能损耗，这可能让我们达不到性能要求。

高频交易应用程序可能就是这种类型的负载，它持续地从股票交易所读取市场数据信号，一旦检测到可以获利的市场信号，就向交易所发送一条购买指令。在前面提及的负载中，涉及读取市场数据的代码路径是最常被执行的，而执行购买指令的代码路径是很少被执行的。如果我们希望购买指令能够尽快传递给交易所并利用好在市场数据中检测到的可获利信号，那么绝不想在执行想执行的关键代码片段时发生缓存未命中，此时就是缓存预热技术发挥作用的地方。

缓存预热通过周期性运行时延敏感型代码来确保让它保留在缓存中，同时保证不会跟随任何不必要的动作。通过导入时延敏感型数据，运行时延敏感型代码还可以“预热”数据缓存。实际上，该技术已在交易应用程序中例行部署了。

10.4 减少慢速浮点运算

对于有浮点值运算的应用程序，当浮点数值非规范时，可能会遇到异常场景。对非规范的数值进行运算，很容易就会变得非常慢。当 CPU 处理尝试对非规范浮点值运算的指令时，需要对这个场景进行特殊处理。因为是异常场景，CPU 需要请求微码协助[一]。微码序列器只读存储器将会为流水线提供大量微操作（见 4.4 节）以处理该情况。

TMA 方法论把这种场景归类到退休类别，这是高退休率并不意味着高性能的场景之一。由于对非规范值的运算可能代表程序的不良行为，因此只采集 `FP_ASSIST.ANY` 性能计数器，该值应接近于零。easyperf 博客[二]展示了一个示例程序，该程序进行了非规范浮点算术运算并且有大量浮点协助。C++ 开发者可以使用 `std::isnormal()`[三]函数来防止应用程序陷入非规范值运算。另外，开发者还可以改变 SIMD 浮点运算的模式，启用 CPU 控制寄存器的“清零”（flush-to-zero，FTZ）和“非规范值即零”（denormals-are-zero，DAZ）标记位[四]，并避免 SMID 指令产生非

[一] https://software.intel.com/en-us/vtune-help-assists。
[二] https://easyperf.net/blog/2018/11/08/Using-denormal-floats-is-slow-how-to-detect-it。
[三] https://en.cppreference.com/w/cpp/numeric/math/isnormal。
[四] https://software.intel.com/content/www/us/en/develop/articles/x87-and-sse-floating-point-assists-in-ia-32-flush-to-zero-ftz-and-denormals-are-zero-daz.html。

规范数值[1]。通过专用的宏可以在代码层面禁用非规范浮点数，这个宏在不同的编译器上是不一样的。

10.5　系统调优

在艰辛地利用 CPU 微架构的复杂基础设施成功完成应用程序优化之后，我们最不希望看到的就是系统固件、操作系统或内核让我们的努力付之一炬。如果应用程序总是持续地被系统管理中断（System Management Interrupt，SMI）或 BIOS 中断（它会挂起整个操作系统以执行固件代码）所中断，而这些类型的中断每次会持续 10 ～ 100 ms，这会让应用程序的大部分调优变得没有意义。

公平地讲，开发者通常并不能控制其应用程序的执行环境。当我们推出产品时，对用户可能的每个设置进行调优是不现实的。通常，大型组织会成立独立的运营（Ops）团队，让该团队负责处理这类问题。不过，在跟运营团队成员交流时，了解还有哪些因素限制了最优性能的发挥是非常重要的。

如 2.1 节所述，在现代系统中有很多东西可以调节，避免系统级的干扰并不容易。红帽指导手册[2]是针对基于 x86 的系统部署的性能调优手册。从该手册，你可以找到一些提示和建议，以消除或显著减少来自系统 BIOS、Linux 内核和设备驱动程序等资源的缓存干扰中断以及许多其他应用干扰来源。在将应用程序部署到生产环境之前，这些指导应该作为所有新服务器版本的基础映像。

当谈到能否调优具体的系统设置时，并不是总能用“是”或“否”来简单地回答。例如，应用程序是否能于在运行软件的环境中启用同步多线程（Simultaneous Multi-Threading，SMT）特性后受益，在前期并不清晰。通常的规则是，只对 IPC 相对较低的异构负载[3]开启 SMT 特性。另外，如今 CPU 制造商提供的处理器具有很高的核数，以至于相比过去 SMT 没那么必要了。然而，这只是通用规则，就像本书一直强调的那样，最好还是自己测量一下。

---

[1] 然而，FTZ 和 DAZ 模式会使这类运算跟 IEEF 标准不兼容。

[2] https://access.redhat.com/sites/default/files/attachments/201501-perf-brief-low-latency-tuning-rhel7-v2.1.pdf。

[3] 即当同级线程执行不同的指令模式时。

大多数开箱即用的平台都被配置为具有最佳吞吐量，同时尽可能地节省功耗。但有些行业有实时要求，它们更关心能否有更低的时延。在汽车装配线上进行操作的机器人就是这样的例子，这些机器人执行的动作是由外部事件触发的，通常需要在预定的时间内完成，因为下一个中断很快就会到来（通常被称为“控制循环”）。要实现这类平台的实时目标，可能需要牺牲机器的总吞吐量或者消耗更多的能源。关闭处理器的睡眠状态[1]让其做好立即响应的准备，是该领域流行的方法之一。另一个有趣的方法是缓存锁定[2]，即将部分 CPU 缓存预留给特定的数据集，这有助于优化应用程序中的内存延迟。

[1] 功耗管理状态：P- 状态、C- 状态。更多细节请见 https://software.intel.com/content/www/us/en/develop/articles/power-management-states-p-states-c-states-and-package-c-states.html。

[2] 见缓存锁定技术的综述（Mittal，2016）。伪锁定部分缓存的例子见 https://events19.linuxfoundation.org/wp-content/uploads/2017/11/Introducing-Cache-Pseudo-Locking-to-Reduce-Memory-Access-Latency-Reinette-Chatre-Intel.pdf。在 Linux 文件系统中通过字符设备对外暴露，可用于 'mmap' 映射。

第 11 章 Chapter 11

优化多线程应用程序

现代 CPU 的核数每年都在增长，例如，在 2020 年就可以买到超过 50 个核的 x86 服务器处理器。即使中档的有 8 个执行线程的桌面处理器也是相当普通的配置。因为每个 CPU 都有很强的处理能力，这带来的挑战就是如何充分利用这些硬件线程。对软件来说，为持续增长的 CPU 核数做好扩展准备，对应用程序在未来的成功至关重要。

多线程的应用程序有自己的特征，当我们处理多个线程时，单线程执行的某些假设会失效。例如，我们不能通过查看单个线程来识别热点，因为每个线程可能都有自己的热点。在通用的生产者 – 消费者设计中，生产者线程可能大部分时间都处于休眠状态，剖析这样的线程并不能解释为什么多线程应用程序不能很好地扩展。

11.1 性能扩展和开销

当处理单线程应用程序时，优化程序中的一部分通常都会优化性能。然而，对多线程应用程序却不一定有相同的效果。假设有这样一个应用程序，它的线程 `A` 处理非常繁重的运算工作，它的另一个线程 `B` 已经完成了它的任务而正在等待线程 `A` 运行结束。因为线程 `B` 被长时间运行的线程 `A` 所限制，所以不论如何优化线程 `B`，应用程序的时延都不会减少。

该效应就是广为人知的阿姆达尔定律，该定律表明并行程序的加速效果被它的串行组件所限制。图 46 展示了理论加速上限与处理器数量的关系。对于并行率为 75% 的程序，其加速比最高能达到 4。

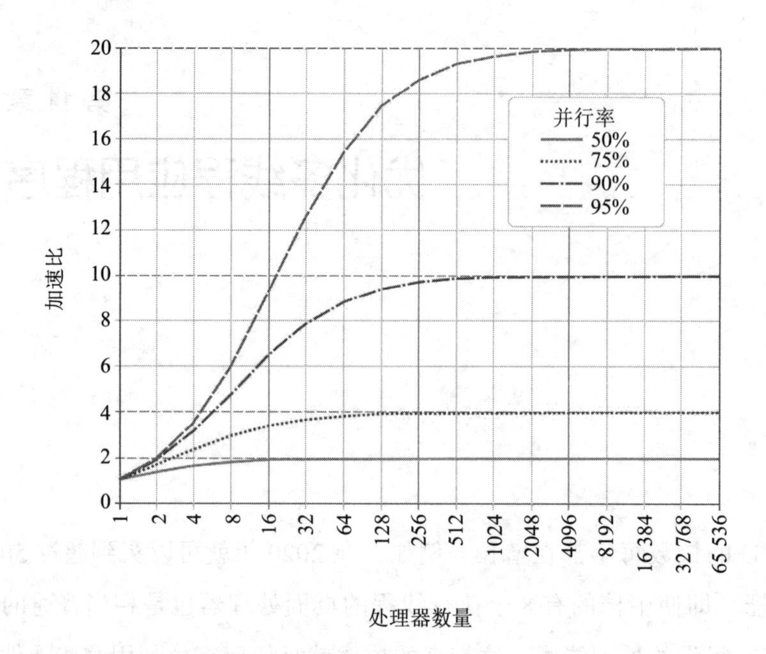

图 46 根据阿姆达尔定律，程序执行时延的理论加速比是执行程序的处理器数量的函数（© 图片来自维基百科的 Daniels220）

图 47a 展示了 Starbench 并行基准测试套件中 h264dec 基准测试的性能扩展。作者在具有 4 核 8 线程的 Intel Core i5-8259U 处理器上进行了测试，发现使用 4 个线程后，性能并没有扩展太多。可能，有更多核的 CPU 不一定能提升性能[⊖]。

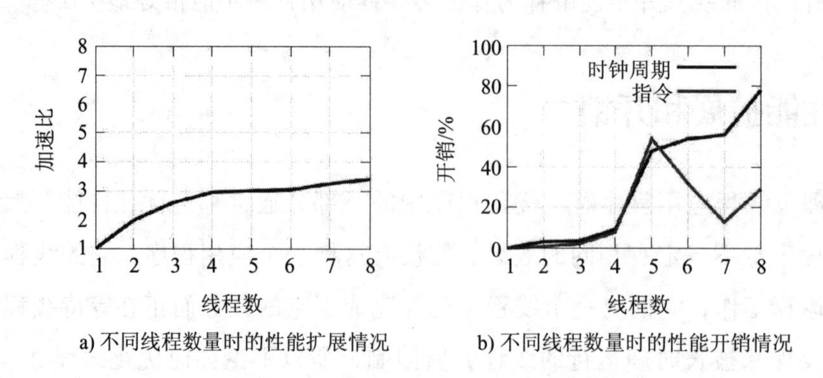

图 47 在 Intel Core i5-8259U 处理器上 h264dec 基准测试的性能扩展和开销情况

⊖ 然而，它将受益于具有更高频率的 CPU。

事实上，进一步给系统添加计算单元可能会产生负加速效果。Neil Gunther 将这种效应解释为通用可伸缩性定律（Universal Scalability Law, USL）[1]，它是阿姆达尔定律的扩展。通用可伸缩性定律将计算单元（线程）之间的通信描述为影响性能的另一个门控因素。随着系统规模的扩大，开销将阻碍性能。超过某个临界点，系统性能开始下降（见图 48）。通用可伸缩性定律被广泛地应用于系统容量和扩展性的建模。

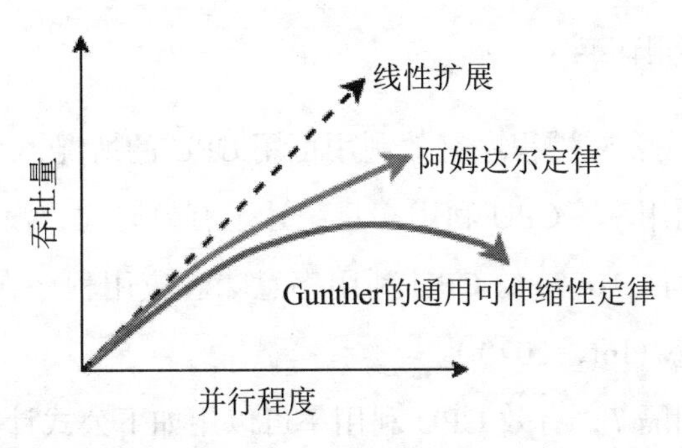

图 48　通用可伸缩性定律和阿姆达尔定律（© 图片来自 Neha Bhardwaj，在 Knoldus 博客获取）

通用可伸缩性定律描述的性能劣化由多个因素导致。首先，随着计算单元的增加，它们开始竞争（争用）资源，这将导致在同步这些访问上增加额外的耗时。其次，多个工作单元共享资源，我们需要在多个工作单元之间保持共享资源的状态一致（一致性）。例如，当多个工作单元频繁地修改某些全局可见对象时，这些修改需要通知到所有使用该对象的单元。因为需要额外地保持一致性，这通常会导致运算需要更多的时间才能完成。图 47b 展示了在 Intel Core i5-8259U 上 h264dec 基准测试的通信开销。注意，当我们将 4 个以上的线程分配给该任务时，该基准测试需要更多的处理器时钟周期开销[2]。

优化多线程应用程序不仅需要本书目前介绍的所有技术，还需要检测和优化前面提到的资源争用和一致性的影响。接下来将介绍调优多线程程序带来的新挑战的解决技术。

[1] http://www.perfdynamics.com/Manifesto/USLscalability.html#tth_sEc1。

[2] 当使用 5 和 6 个工作线程时，退休指令的数量会出现一个有趣的峰值，这可以通过剖析负载来研究。

11.2 并行效率指标

当处理多线程应用程序时，工程师在分析类似 CPU 利用率和 IPC（见第 4 章）这样的基础指标时需要非常小心。一个线程可能显示高 CPU 利用率和高 IPC，但是它可能只是在某个锁上自旋。这就是为何当评估应用程序的并行效率时推荐使用有效 CPU 利用率，该指标只基于有效时间[1]。

11.2.1 有效 CPU 利用率

有效 CPU 利用率代表应用程序有效利用可用 CPU 的情况，它显示了系统上所有逻辑 CPU 的平均 CPU 利用率。CPU 利用率只统计了有效时间，没有包含并行运行系统[2]引入的开销和自旋时间。100% 的 CPU 利用率意味着应用程序在运行期间让所有逻辑 CPU 一直处于繁忙状态（Int，2020）。

对于特定的时间间隔 T，有效 CPU 利用率可以用如下公式计算：

$$\text{有效 CPU 利用率} = \frac{\sum_{i=1}^{\text{线程数}} \text{有效 CPU 时间}\ (T, i)}{T \times \text{线程数}}$$

11.2.2 线程数量

应用程序的线程数量通常是可以配置的，这样它们就可以在不同核数的平台上都能运行得更加高效。显然，在系统上用低于它可用的线程数运行应用程序的话，并没有充分利用它的资源。相反，运行过多的线程又会导致耗费过多的 CPU 时间，因为有些线程可能在等待其他线程结束，或者时间被浪费在上下文切换上了。

除了实际的工作线程，多线程应用程序通常还有辅助线程：主线程、输入线程和输出线程等。如果这些线程占用了大量时间，需要给它们分配专用的硬件线程。这就是知道总线程数和如何正确地配置工作线程数量如此重要的原因！

为了避免线程创建和销毁的开销，工程师通常会分配一个具备多个线程的线程池，用于等待管理程序分配并发执行任务，这对执行短周期的任务尤其有效。

---

[1] 性能分析工具（如 Intel VTune Profiler）可以区分线程发生自旋时的剖析样本，它们基于每个样本的调用栈实现该功能（见 5.4.3 节）。

[2] 线程库和 API（如 `pthread`、`OpenMP` 和 `Intel TBB`）也都有创建和管理线程的开销。

11.2.3 等待时间

等待时间是指软件线程被同步阻塞或者发起同步锁的 API 导致的等待，等待时间是线程粒度的，这样总的等待时间可能超过应用程序的运行时间（Int，2020）。

操作系统的调度器可基于同步或者抢占停止线程的执行，这样等待时间可以被进一步拆分为同步等待时间和抢占等待时间。大量的同步等待时间可能提示应用程序有高度竞争的同步对象，我们将在后面探索如何分析它们。大量的抢占等待时间可能是线程超额认购[1]的问题，也可能是由于应用程序大量线程或者与操作系统或系统上其他应用程序的线程冲突导致。在这种场景下，开发者应该考虑减少线程的数量或者增大每个工作线程的任务粒度。

11.2.4 自旋时间

自旋时间也属于等待时间，自旋时 CPU 处于繁忙状态。经常在同步 API 导致 CPU 轮询时发生，这时软件线程正在等待（Int，2020）。实际上，内核的同步原语实现更倾向于在锁上自旋一段时间，而不是立即进行线程上下文切换（成本更高昂）。然而，过多的自旋时间反映了有效工作机会的浪费。

11.3 使用 Intel VTune Profiler 进行分析

Intel VTune Profiler 有个专用的分析多线程应用程序的分析叫线程分析。它的汇总窗口（见图 49）展示了整个应用程序的统计信息，标识出了 11.2 节介绍的所有指标。从有效 CPU 利用率直方图，我们可以了解到关于被观察应用程序行为的几个有趣事实。首先，平均来说，只有 5 个硬件线程（图中的逻辑核）同时被利用。其次，8 个硬件线程几乎不可能同时处于活跃状态。

11.3.1 寻找耗时锁

接下来，需要我们识别竞争最激烈的同步对象。图 50 展示了这类对象的列表，我

[1] https://software.intel.com/en-us/vtune-help-thread-oversubscription。

们可以看到 __pthread_cond_wait 最突出，但是由于该程序中有十几个条件变量，因此我们需要找出哪个才是导致 CPU 利用率低的。

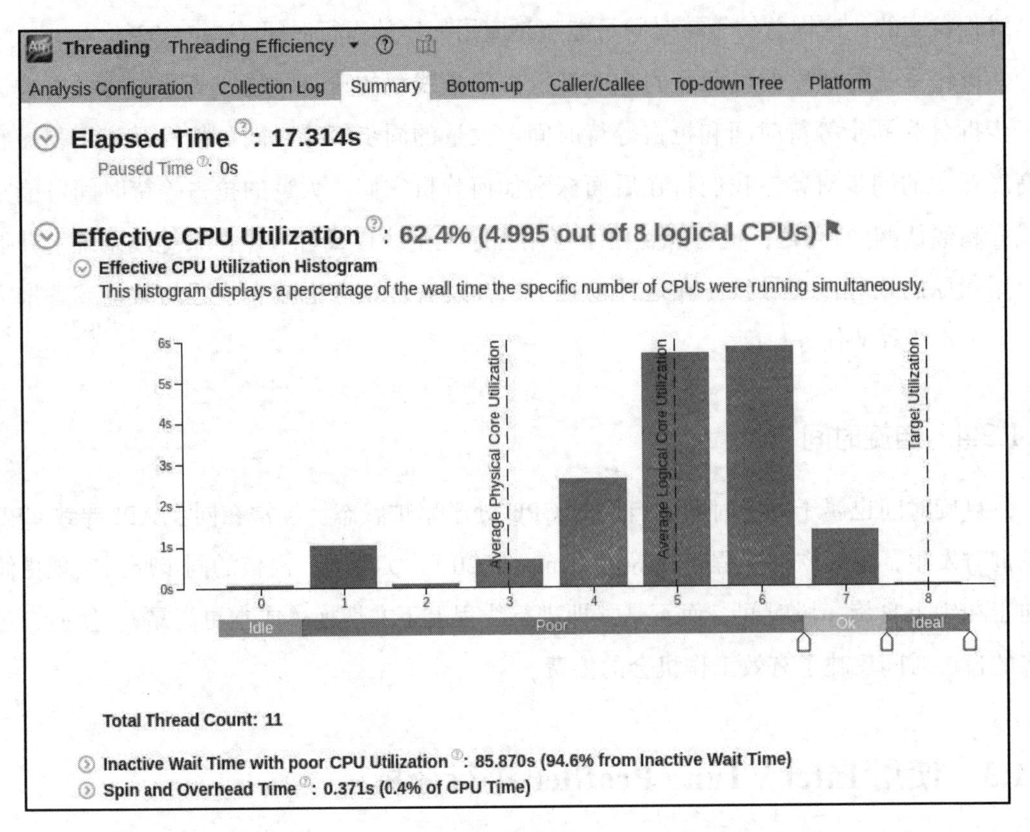

图 49　Intel VTune Profiler 对 Phoronix 测试套件中的 x264 基准测试的线程分析汇总

为了找到它，我们可以单击 __pthread_cond_wait，这时呈现出自下而上（Bottom-up）视图，如图 51 所示。我们可以看到最频繁的路径（47% 的等待时间）都指向条件变量等待的线程：__pthread_cond_wait <- x264_8_frame_cond_wait <- mb_analyse_init。

接下来，双击分析结果（见图 52）中的相应行，就可以跳转到源代码中。然后，我们就可以研究锁背后的原因和提升此处线程通信效率的可能方法[㊀]。

㊀ 我并不是说这条路一定很容易走，也不能保证你会找到一条更好的路。

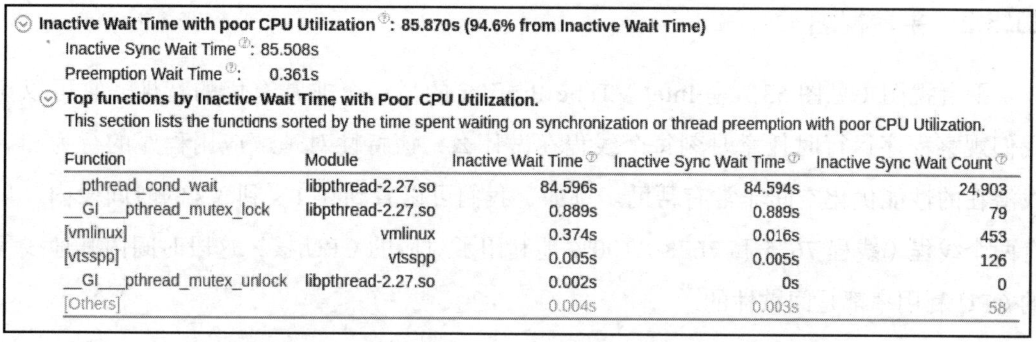

Inactive Wait Time with poor CPU Utilization: 85.870s (94.6% from Inactive Wait Time)

Inactive Sync Wait Time: 85.508s

Preemption Wait Time: 0.361s

Top functions by Inactive Wait Time with Poor CPU Utilization.

This section lists the functions sorted by the time spent waiting on synchronization or thread preemption with poor CPU Utilization.

Function	Module	Inactive Wait Time	Inactive Sync Wait Time	Inactive Sync Wait Count
__pthread_cond_wait	libpthread-2.27.so	84.596s	84.594s	24,903
__GI___pthread_mutex_lock	libpthread-2.27.so	0.889s	0.889s	79
[vmlinux]	vmlinux	0.374s	0.016s	453
[vtsspp]	vtsspp	0.005s	0.005s	126
__GI___pthread_mutex_unlock	libpthread-2.27.so	0.002s	0s	0
[Others]		0.004s	0.003s	58

图 50 Intel VTune Profiler 线程分析展示了 x264 基准测试中竞争最激烈的同步锁

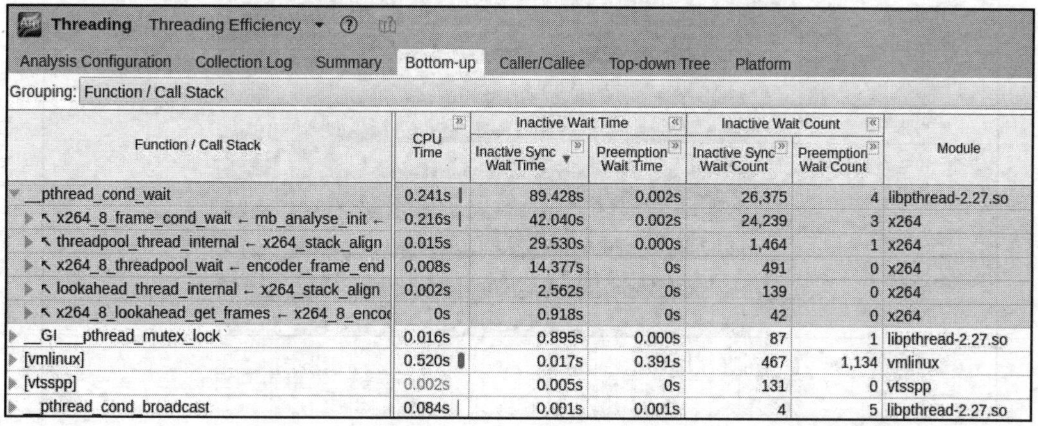

Threading Threading Efficiency

Analysis Configuration | Collection Log | Summary | Bottom-up | Caller/Callee | Top-down Tree | Platform

Grouping: Function / Call Stack

Function / Call Stack	CPU Time	Inactive Wait Time: Inactive Sync Wait Time	Inactive Wait Time: Preemption Wait Time	Inactive Wait Count: Inactive Sync Wait Count	Inactive Wait Count: Preemption Wait Count	Module
__pthread_cond_wait	0.241s	89.428s	0.002s	26,375	4	libpthread-2.27.so
↖ x264_8_frame_cond_wait ← mb_analyse_init ←	0.216s	42.040s	0.002s	24,239	3	x264
↖ threadpool_thread_internal ← x264_stack_align	0.015s	29.530s	0.000s	1,464	1	x264
↖ x264_8_threadpool_wait ← encoder_frame_end	0.008s	14.377s	0s	491	0	x264
↖ lookahead_thread_internal ← x264_stack_align	0.002s	2.562s	0s	139	0	x264
↖ x264_8_lookahead_get_frames ← x264_8_encod	0s	0.918s	0s	42	0	x264
__GI___pthread_mutex_lock	0.016s	0.895s	0.000s	87	1	libpthread-2.27.so
[vmlinux]	0.520s	0.017s	0.391s	467	1,134	vmlinux
[vtsspp]	0.002s	0.005s	0s	131	0	vtsspp
__pthread_cond_broadcast	0.084s	0.001s	0.001s	4	5	libpthread-2.27.so

图 51 Intel VTune Profiler 线程分析展示了 x264 基准测试中竞争最激烈的条件变量的调用栈

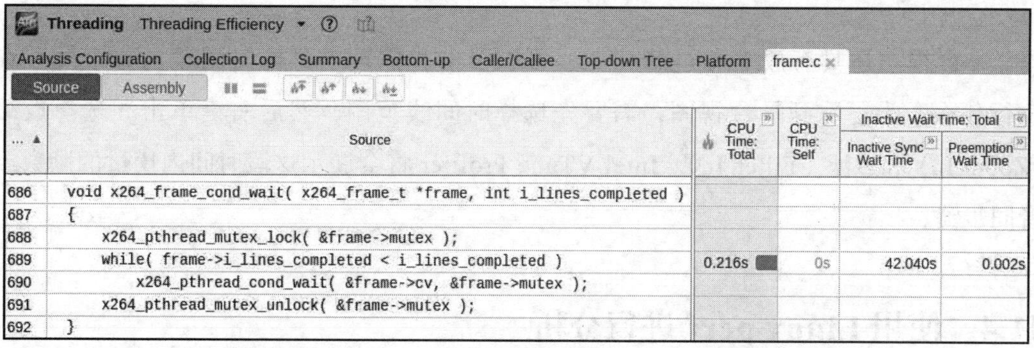

Threading Threading Efficiency

Analysis Configuration | Collection Log | Summary | Bottom-up | Caller/Callee | Top-down Tree | Platform | frame.c

Source | Assembly

...	Source	CPU Time: Total	CPU Time: Self	Inactive Wait Time: Total: Inactive Sync Wait Time	Inactive Wait Time: Total: Preemption Wait Time
686	`void x264_frame_cond_wait( x264_frame_t *frame, int i_lines_completed )`				
687	`{`				
688	`    x264_pthread_mutex_lock( &frame->mutex );`				
689	`    while( frame->i_lines_completed < i_lines_completed )`	0.216s	0s	42.040s	0.002s
690	`        x264_pthread_cond_wait( &frame->cv, &frame->mutex );`				
691	`    x264_pthread_mutex_unlock( &frame->mutex );`				
692	`}`				

图 52 x264 基准测试中 `x264_8_frame_cond_wait` 函数的源代码视图

11.3.2 平台视图

平台视图（见图 53）是 Intel VTune Profiler 的另一个非常有用的特性，它可以让我们观察程序运行时任意时刻每个线程在做什么，该特性对理解应用程序的行为和寻找潜在的性能优化空间非常有帮助。例如，我们可以看到在 1 s 到 3 s 的时间段内，只有两个线程（线程 7675 和 7678）100% 地利用了对应的 CPU 核，这段时间内其他线程的 CPU 利用率都是间歇性的。

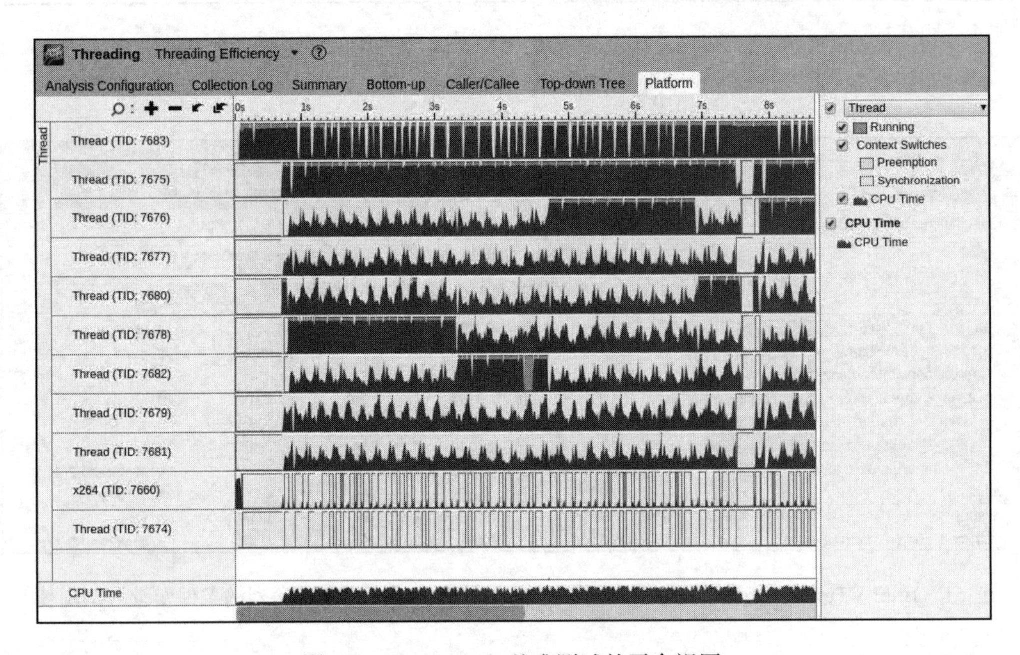

图 53　VTune x264 基准测试的平台视图

平台视图还具有放缩和过滤功能，可以帮助我们理解具体时间段内每个线程在执行什么。为了看到平台视图，需要先选择时间线范围，然后右键单击并选择放缩（Zoom In）和过滤（Filter In）。Intel VTune Profiler 将会展示这段时间内用过的函数或者同步锁。

11.4　使用 Linux perf 进行分析

Linux perf 工具可以剖析应用程序中所有可能自旋的线程，它有一个 -s 选项，可以记录每个线程的事件数量。使用该选项时，perf 会在报告的最后列出所有线程的 ID 及对每个线程的采样数据。

```
$ perf record -s ./x264 -o /dev/null --slow --threads 8
   Bosphorus_1920x1080_120fps_420_8bit_YUV.y4m
$ perf report -n -T
...
#  PID   TID   cycles:ppp
  6966  6976  41570283106
  6966  6971  25991235047
  6966  6969  20251062678
  6966  6975  17598710694
  6966  6970  27688808973
  6966  6972  23739208014
  6966  6973  20901059568
  6966  6968  18508542853
  6966  6967     48399587
  6966  6966   2464885318
```

为了过滤某个软件线程的样本，可以使用 `--tid` 参数：

```
$ perf report -T --tid 6976 -n
# Overhead  Samples  Shared Object  Symbol
# ........  .......  .............  ..................................
     7.17%   19877       x264       get_ref_avx2
     7.06%   19078       x264       x264_8_me_search_ref
     6.34%   18367       x264       refine_subpel
     5.34%   15690       x264       x264_8_pixel_satd_8x8_internal_avx2
     4.55%   11703       x264       x264_8_pixel_avg2_w16_sse2
     3.83%   11646       x264       x264_8_pixel_avg2_w8_mmx2
```

Linux perf 也会自动提供 11.2 节讨论过的一些指标：

```
$ perf stat ./x264 -o /dev/null --slow --threads 8
   Bosphorus_1920x1080_120fps_420_8bit_YUV.y4m
         86,720.71 msec task-clock         #    5.701 CPUs utilized
            28,386      context-switches   #    0.327 K/sec
             7,375      cpu-migrations     #    0.085 K/sec
            38,174      page-faults        #    0.440 K/sec
   299,884,445,581      cycles             #    3.458 GHz
   436,045,473,289      instructions       #    1.45  insn per cycle
    32,281,697,229      branches           #  372.249 M/sec
       971,433,345      branch-misses      #    3.01% of all branches
```

寻找耗时锁

要使用 Linux perf 寻找竞争最激烈的同步锁，我们需要对调度器上下文切换（`sched:sched_switch`）进行采样，这是一个内核事件，需要 root 权限才能访问：

```
$ sudo perf record -s -e sched:sched_switch -g --call-graph dwarf -- ./x264
   -o /dev/null --slow --threads 8
   Bosphorus_1920x1080_120fps_420_8bit_YUV.y4m
$ sudo perf report -n --stdio -T --sort=overhead,prev_comm,prev_pid
   --no-call-graph -F overhead,sample
# Samples: 27K of event 'sched:sched_switch'
# Event count (approx.): 27327
# Overhead        Samples          prev_comm    prev_pid
# ........  ............  ................  ..........
    15.43%          4217              x264        2973
    14.71%          4019              x264        2972
    13.35%          3647              x264        2976
    11.37%          3107              x264        2975
    10.67%          2916              x264        2970
    10.41%          2844              x264        2971
     9.69%          2649              x264        2974
     6.87%          1876              x264        2969
     4.10%          1120              x264        2967
     2.66%           727              x264        2968
     0.75%           205              x264        2977
```

上面的输出展示了从运行态切出最频繁的线程。注意，因为需要分析导致耗时同步事件的路径，所以我们也需要对调用栈（`--call-graph dwarf`，见 5.4.3 节）采样：

```
$ sudo perf report -n --stdio -T --sort=overhead,symbol -F overhead,sample -G
# Overhead       Samples  Symbol
# ........  ............  ...........................................
   100.00%         27327  [k] __sched_text_start
   |
   |--95.25%--0xffffffffffffffff
   |  |
   |  |--86.23%--x264_8_macroblock_analyse
   |  |  |
   |  |   --84.50%--mb_analyse_init (inlined)
   |  |      |
   |  |       --84.39%--x264_8_frame_cond_wait
   |  |          |
   |  |           --84.11%--__pthread_cond_wait (inlined)
   |  |                     __pthread_cond_wait_common (inlined)
   |  |                     |
   |  |                      --83.88%--futex_wait_cancelable (inlined)
   |  |                                entry_SYSCALL_64
   |  |                                do_syscall_64
   |  |                                __x64_sys_futex
   |  |                                do_futex
   |  |                                futex_wait
   |  |                                futex_wait_queue_me
   |  |                                schedule
   |  |                                __sched_text_start
   ...
```

上面的输出展示了导致等待条件变量（`__pthread_cond_wait`）和后面上下文

切换的最频繁路径，该路径是 `x264_8_macroblock_analyse -> mb_analyse_init -> x264_8_frame_cond_wait`。从该输出，我们可以了解到 84% 的上下文切换是由等待 `x264_8_frame_cond_wait` 中条件变量的线程导致的。

11.5 使用 Coz 进行分析

11.1 节提出了识别影响多线程应用程序整体性能的具体代码的挑战。由于各种原因，优化多线程应用程序的一部分，也许不能总有可见的优化效果。Coz 是一个新型的剖析工具，它可以解决这类问题并填补传统软件剖析工具的短板。它使用了一种名为“因果剖析”的新技术，该技术在应用程序运行时进行实验，通过模拟加快代码段的速度来预测某些优化的总体效果。它通过对其他同步运行的代码插入暂停动作，以实现“模拟加速”（Curtsinger & Berger，2015）。

图 54 展示了使用 Coz 剖析工具分析 Phoronix 测试套件中 C-Ray 基准测试的样例。从图中可以看到，如果将 `c-ray-mt.c` 中第 540 行的性能提升 20%，Coz 估计 C-Ray 基准测试的整体性能会提升 17%。根据 Coz 的估计，一旦该行性能提升 45%，对应用程序的影响开始趋于平稳。有关该样例的更多细节，请见 https://easyperf.net/blog/2020/02/26/coz-vs-sampling-profilers。

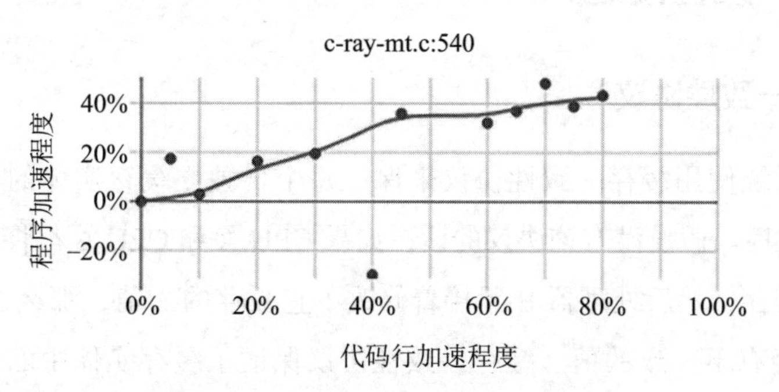

图 54 Coz 对 C-Ray 基准测试的剖析

11.6 使用 eBPF 和 GAPP 进行分析

Linux 支持多种线程同步原语——互斥锁（mutex）、信号量（semaphore）和条件变量（condition variable）等。内核通过 `futex` 系统调用支撑这些线程原语。从相关的线程收集有用的元数据时，跟踪 futex 系统调用在内核中的执行情况可以更容易地找到锁竞争的瓶颈。Linux 提供的内核跟踪 / 剖析工具可以实现该功能，其中最强大的是扩展伯克利包过滤器（extended Berkley Packet Filter，eBPF）[一]。

eBPF 是基于运行在内核中的沙箱虚拟机的，这使得在内核中安全、高效地执行用户自定义程序成为可能。用 C 语言开发用户自定义的程序，然后用准备好的 BCC 编译器[二]将其编译成 BPF 字节码，以便在内核虚拟机中进行加载。这些 BPF 程序可以设计为在某个内核事件执行时启动，然后通过不同方式把原始或处理过的数据返回用户空间。

开源社区提供了很多通用的 eBPF 程序，其中一个叫通用自动并行剖析工具（Generic Automatic Parallel Profiler，GAPP），它有助于跟踪多线程竞争问题。GAPP 通过 eBPF 对已识别的序列化瓶颈的紧急程度进行排序并收集被阻塞的线程和导致阻塞的线程的堆栈，来跟踪多线程应用程序的竞争开销。GAPP 的好处是它不需要进行代码更改、代码插桩，也不需要重新编译。GAPP 剖析工具的开发者能够在 Parsec 3.0 基准测试套件[三]和一些大型开源项目上确认已知的瓶颈，并揭露新的、以前未报告过的瓶颈（Nair & Field，2020）。

11.7 检测一致性问题

11.7.1 缓存一致性协议

多处理器系统使用缓存一致性协议来保证每个含独立缓存实体的核在共享使用内存时的数据一致性。假设没有该协议的话，如果 CPU A 和 CPU B 都将内存地址 L 读取到它们独立的缓存，然后处理器 B 紧接着修改了它缓存的 L 值，那么这些 CPU 在相同的内存地址 L 会有不一致的值。缓存一致性协议保证了缓存实体中的任何更新都会对相同位置中的其他缓存实体进行全部更新。

最著名的一个缓存一致性协议是 MESI（Modified Exclusive Shared Invalid，修改、独有、共享、无效），它支持如现代 CPU 中使用的缓存回写。这些首字母缩写表示缓存

㊀ https://prototype-kernel.readthedocs.io/en/latest/bpf/。

㊁ https://github.com/iovisor/bcc。

㊂ https://parsec.cs.princeton.edu/index.htm。

行可以被标记的四种状态（见图 55）：

- 修改（Modified）——缓存行只在当前缓存出现，其值相对内存中的值已经发生变化。
- 独有（Exclusive）——缓存行只在当前缓存出现，其值与内存中的值一致。
- 共享（Shared）——缓存行出现在当前缓存和其他缓存，并且值都与内存中的值一致。
- 无效（Invalid）——缓存行没有被使用（例如，不包含任何内存地址的内容）。

当将数据从内存读取到缓存行时，每个缓存行都有一个状态编码，该编码保存在它的标签中。然后，缓存行的状态会持续地从一个状态转换到另一个状态[1]。实际上，CPU 厂商通常会实现稍加改进的 MESI 变体。例如，Intel 使用 MESIF，它增添加了一个转发（Forwarding，F）状态；而 AMD 使用 MOESI，它增加了一个持有（Owning，O）状态。但是，这些协议依然保留了基础 MESI 协议的核心内容。

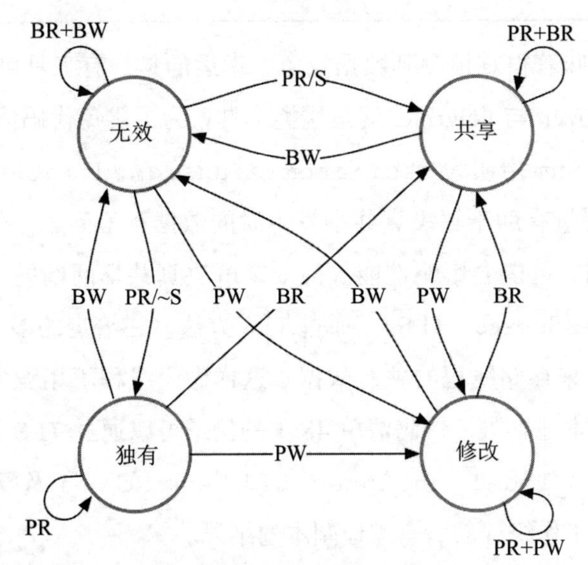

图 55　MESI 状态图（© 图片来自华盛顿大学网站 courses.cs.washington.edu）

[1] https://www.scss.tcd.ie/Jeremy.Jones/vivio/caches/MESI.htm。

正如前面的例子所演示的，缓存一致性问题可能会导致顺序不一致的程序。通过窥探（snoopy）缓存来监视所有内存事务并相互协作来保持内存一致性，该问题可以得到缓解。不幸的是，这是有代价的，因为一个处理器中的修改会使另一个处理器的缓存中相应的缓存行失效，这会导致内存类型的 CPU 空转，浪费系统带宽。相比序列化和锁问题只会影响应用程序的性能，一致性问题会造成性能退化（见 11.1 节）。两种众所周知的一致性问题是“真共享”和“伪共享”。

11.7.2 真共享

当处理器访问相同变量时，称为“真共享”（见代码清单 48）。

代码清单 48 真共享样例

```
unsigned int sum;
{ // parallel section
  for (int i = 0; i < N; i++)
    sum += a[i]; // sum is shared between all threads
}
```

首先，真共享意味着很难检测到数据竞争。幸运的是，有工具可以识别这类问题，Clang 的 Thread sanitizer[1]与 helgrind[2]就是这类工具。为了避免代码清单 48 中的数据竞争，我们可以把变量 `sum` 声明为 `std::atomic<unsigned int>sum`。

使用 C++ 原子变量有助于解决真共享发生时的数据竞争问题。但是，它高效地序列化了原子变量访问，可能会影响性能。另一个解决真共享问题的方法是使用线程本地存储（Thread Local Storage，TLS）。通过 TLS 方法，在给定的多线程进程中，每个线程都可以分配内存来存储线程的独有数据。这样做，线程不用竞争访问全局可用的内存地址，而需修改本地副本。代码清单 48 中的例子可以通过 TLS 类标识符声明变量 `sum` 来解决：`thread_local unsigned int sum`（C++11 及以上）。然后，主线程需要合并来自每个工作线程的所有本地副本的结果。

11.7.3 伪共享

当两个不同的处理器修改恰巧位于同一缓存行的不同变量时，称为“伪共享”（见代码清单 49）。图 56 描述了伪共享问题。

[1] https://clang.llvm.org/docs/ThreadSanitizer.html。

[2] https://www.valgrind.org/docs/manual/hg-manual.html。

代码清单 49 伪共享样例

```
struct S {
  int sumA; // sumA and sumB are likely to
  int sumB; // reside in the same cache line
};
S s;

{ // section executed by thread A
  for (int i = 0; i < N; i++)
    s.sumA += a[i];
}

{ // section executed by thread B
  for (int i = 0; i < N; i++)
    s.sumB += b[i];
}
```

伪共享是多线程应用程序性能问题的主要来源，因此现代分析工具都支持这种场景的检测。TMA 把有真共享和伪共享问题的应用程序表征为内存绑定类型。在这种场景下，通常可以看到比较高的竞争访问（Contested Access）[1]指标。

当使用 Intel VTune Profiler 时，用户需要两类分析方法来定位和消除伪共享问题。首先，运行微架构探索（Microarchitecture Exploration）[2]分析，该功能实现了 TMA 方法，可用于检测应用程序是否发生了伪共享问题。正如前面提到的，高竞争访问指标提醒我们需要进一步深挖。接下来，我们选择“分析动态内存对象”（Analyze dynamic memory objects）选项来运行内存访问（Memory Access）分析，该分析可以帮助我们找到导致竞争问题的数据结构访问。通常，分析结果显示这类内存访问都具有高时延。Intel 开发者社区[3]提供了利用 Intel VTune Profiler 解决伪共享问题的样例。

Linux perf 工具也支持检测伪共享。和 Intel VTune Profiler 一样，也是先运行 TMA（见 6.1.2 节）以确认程序是否有伪共享或真共享问题。如果有的话，使用`perf c2c`工具检测具有高缓存一致性损耗的内存访问。`perf c2c`会匹配不同线程的内存保存和加载地址，并查看是否有在被修改的缓存行中的命中。读者可在博客 https://joemario.github.io/blog/2016/09/01/c2c-blog/ 中找到对该过程的详细解释和该工具的使用方法。

---

[1] https://software.intel.com/en-us/vtune-help-contested-accesses。

[2] https://software.intel.com/en-us/vtune-help-general-exploration-analysis。

[3] https://software.intel.com/en-us/vtune-cookbook-false-sharing。

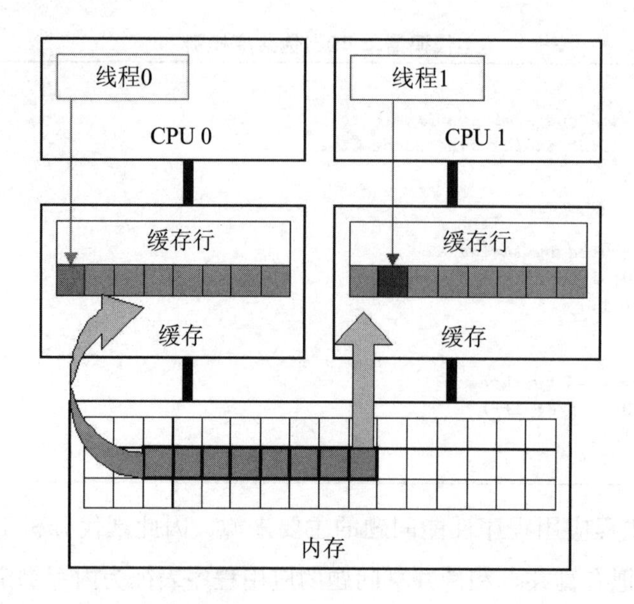

图 56　伪共享：两个线程访问相同缓存行（© 图片来自 Intel 开发者社区网站 soft-ware.intel.com）

通过内存对象对齐 / 填充可能会消除伪共享。11.7.2 节例子中的问题可以通过确保 `sumA` 和 `sumB` 不共享相同的缓存行来解决（更多细节请见 8.1.1.4 节）。

从性能角度来看，状态转换成本可能是最需要考虑的事情。在 CPU 读 / 写操作期间，所有缓存状态中唯一不涉及高损耗跨缓存子系统通信和数据传输的是修改（M）和独有（E）状态。因此，缓存行维持在 M 或 E 状态的时间越长（即跨缓存的数据共享越少），多线程应用程序的一致性损耗就越低。在 Nitsan Wakart 的博客文章"Diving Deeper into Cache Coherency"中可以找到使用该特性的样例。

11.8　本章总结

- 不能利用现代多核 CPU 的应用程序会落后于它们的竞争对手。让软件做好适应不断增长的 CPU 核数量的准备，对应用程序未来的成功非常重要。
- 在处理单线程应用程序时，通常优化程序的一部分就能优化性能。但是，对多线程应用程序却不一定有相同的效果。这就是著名的阿姆达尔定律，该定律表明并行程序的加速效果被它的串行组件所限制。

- 正如通用可伸缩性定律解释的，线程通信可能会产生负加速效果。这对多线程应用程序调优提出了新的挑战，优化多线程应用程序的性能还涉及检测和缓解争用和一致性的影响。
- Intel VTune Profiler 是分析多线程应用程序的“首选”工具。不过，在过去的几年中，出现了一些其他具有独特功能的工具，例如 Coz 和 GAPP。

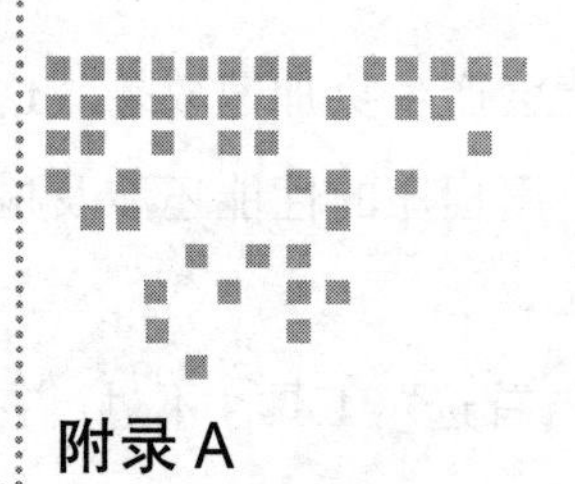

附录 A

减少测量噪声

以下是一些可能增加性能测量中不确定性的特性示例，完整讨论请见 2.1 节。

动态频率调节

动态频率调节（Dynamic Frequency Scaling，DFS）是一种在运行苛刻任务时通过自动提高 CPU 工作频率来提高系统性能的技术。Intel CPU 的 Turbo Boost 的特性是 DFS 实现的一个例子，AMD CPU 相应的特性是 Turbo Core。

下面的例子展示了在 Intel Core i5-8259U 上，Turbo Boost 对运行的单线程负载产生的影响：

```
# Turbo Boost enabled
$ cat /sys/devices/system/cpu/intel_pstate/no_turbo
0
$ perf stat -e task-clock,cycles -- ./a.exe
    11984.691958  task-clock (msec) #    1.000 CPUs utilized
  32,427,294,227  cycles            #    2.706 GHz
      11.989164338 seconds time elapsed

# Turbo Boost disabled
$ echo 1 | sudo tee /sys/devices/system/cpu/intel_pstate/no_turbo
1
$ perf stat -e task-clock,cycles -- ./a.exe
    13055.200832  task-clock (msec) #    0.993 CPUs utilized
  29,946,969,255  cycles            #    2.294 GHz
      13.142983989 seconds time elapsed
```

当 Turbo Boost 开启时，平均频率要高得多。

DFS 可以在 BIOS 中永久禁用[1]。如果想在 Linux 系统上以编程方式禁用 DFS 功能，需要 root 访问权限。以下是具体实现方法：

```
# Intel
echo 1 > /sys/devices/system/cpu/intel_pstate/no_turbo
# AMD
echo 0 > /sys/devices/system/cpu/cpufreq/boost
```

同步多线程

现代 CPU 核通常会被制作成具备同步多线程（Simultaneous MultiThreading，SMT）的形态，也就是在一个物理核中可以同时执行两个线程。通常，架构状态会被复制成多份，但执行资源（ALU、缓存等）不会被复制。这意味着如果有两个单独的进程“同时”（在不同的线程中）在同一核上运行，它们可以获取彼此的资源，例如缓存空间。

SMT 可以在 BIOS 中永久禁用[2]。要在 Linux 系统上以编程方式禁用 SMT，需要 root 访问权限。以下是关闭每个核中相邻线程的方法：

```
echo 0 > /sys/devices/system/cpu/cpuX/online
```

CPU 线程的相邻线程可以在以下文件中找到：

```
/sys/devices/system/cpu/cpuN/topology/thread_siblings_list
```

例如，在具有 4 核 8 线程的 Intel Core i5-8259U 上：

```
# all 8 HW threads enabled:
$ lscpu
...
CPU(s):              8
On-line CPU(s) list: 0-7
...
$ cat /sys/devices/system/cpu/cpu0/topology/thread_siblings_list
0,4
$ cat /sys/devices/system/cpu/cpu1/topology/thread_siblings_list
1,5
```

[1] https://www.intel.com/content/www/us/en/support/articles/000007359/processors/intel-core-processors.html。

[2] https://www.pcmag.com/article/314585/how-to-disable-hyperthreading。

```
$ cat /sys/devices/system/cpu/cpu2/topology/thread_siblings_list
2,6
$ cat /sys/devices/system/cpu/cpu3/topology/thread_siblings_list
3,7

# Disabling SMT on core 0
$ echo 0 | sudo tee /sys/devices/system/cpu/cpu4/online
0
$ lscpu
CPU(s):              8
On-line CPU(s) list:  0-3,5-7
Off-line CPU(s) list: 4
...
$ cat /sys/devices/system/cpu/cpu0/topology/thread_siblings_list
0
```

缩放调速器

Linux 内核可以基于不同目的控制 CPU 频率，目的之一就是节省电力。在这种情况下，Linux 内核中的缩放调速器[㊀]可以决策是否降低 CPU 工作频率。当测量性能时，建议将缩放调速器策略设置为 performance，以避免出现低于标称时钟的问题。以下是为所有核设置缩放调速器的方法：

```
for i in /sys/devices/system/cpu/cpu*/cpufreq/scaling_governor
do
  echo performance > $i
done
```

CPU 亲和性

处理器亲和性可以将进程绑定到某个 CPU 核上，在 Linux 上可以使用 taskset[㊁]工具完成该操作，如下：

```
# no affinity
$ perf stat -e context-switches,cpu-migrations -r 10 -- a.exe
               151      context-switches
                10      cpu-migrations
```

㊀ https://www.kernel.org/doc/Documentation/cpu-freq/governors.txt。

㊁ https://linux.die.net/man/1/taskset。

```
# process is bound to the CPU0
$ perf stat -e context-switches,cpu-migrations -r 10 -- taskset -c 0 a.exe
              102      context-switches
                0      cpu-migrations
```

请注意，cpu-migrations 的数量降到了 0，即该进程从没有离开过 core0 核。

另外，也可以使用 cset 工具为正在进行基准测试的程序保留 CPU。如果使用 Linux perf，请保留至少两个核，以便在一个核上运行 perf，在另一个核上运行程序。下面的命令会将所有线程从 N1 和 N2 核移出（-k on 表示即使内核线程也会被移出）：

```
$ cset shield -c N1,N2 -k on
```

以下命令将在隔离的 CPU 中运行 -- 后的命令：

```
$ cset shield --exec -- perf stat -r 10 <cmd>
```

进程优先级

在 Linux 中，可以使用 nice 工具提高进程优先级。通过增加优先级，进程可以获得更多的 CPU 时间。与具有正常优先级的进程相比，Linux 调度程序更倾向于调度高优先级进程。优先级从 –20（最高优先级值）到 19（最低优先级值）不等，默认值为 0。

请注意，在上一个示例中，基准测试进程被操作系统中断了 100 多次。如果我们使用 sudo nice -n -N 运行基准测试，可以提高进程的优先级：

```
$ perf stat -r 10 -- sudo nice -n -5 taskset -c 1 a.exe
    0    context-switches
    0    cpu-migrations
```

请注意，上下文切换次数为 0，因此该进程不间断地获得了所有的计算时间。

文件系统缓存

通常，主存的某些区域被分配用以缓存文件系统内容，包括各种数据。这减少了应用程序直接访问磁盘的需求量。以下是文件系统缓存如何影响简单命令 git status 运行时间的示例：

```
# clean fs cache
$ echo 3 | sudo tee /proc/sys/vm/drop_caches && sync && time -p git status
real 2,57
# warmed fs cache
$ time -p git status
real 0,40
```

运行以下两个命令可以删除当前文件系统缓存：

```
$ echo 3 | sudo tee /proc/sys/vm/drop_caches
$ sync
```

另外，也可以直接运行一次（不测量）以预热文件系统缓存，将其对测量的影响排除。这种直接运行可以与基准输出的验证相结合使用。

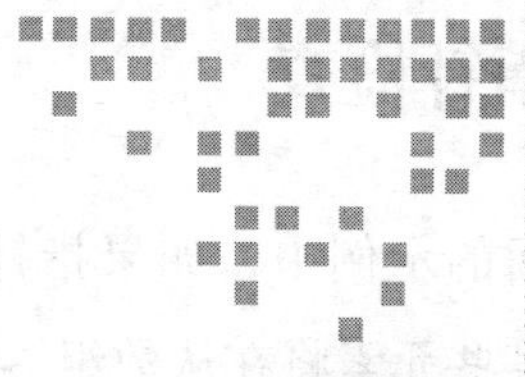

附录 B Appendix B

LLVM 向量化程序

本节介绍截至 2020 年 Clang 编译器中 LLVM 循环向量化程序（Loop Vectorizer）的状态。内循环向量化是将最内层循环中的代码转换为跨多个循环迭代的向量化代码的过程。SIMD 向量中的每条通道在连续的循环迭代中执行独立的算术运算。通常，循环不会处于完全清晰的状态，向量化程序必须猜测和假设丢失的信息，并在运行时检查详细信息。如果假设被证明是错误的，向量化程序将回退到标量循环。以下示例突出展示了 LLVM 向量化程序支持的一些代码模式。

未知迭代次数的循环

LLVM 循环向量化程序支持具有未知迭代次数的循环。在下面的循环中，迭代起点和终点未知，而向量化程序有一个机制可以向量化不从零开始的循环。在本例中，n 可能不是向量宽度的倍数，向量化程序必须将最后几次迭代作为标量代码执行，而保留循环的标量副本会增加代码大小。

```
void bar(float A, float B, float K, int start, int end) {
  for (int i = start; i < end; ++i)
    A[i] *= B[i] + K;
}
```

运行时指针检查

在下面的示例中，如果指针 A 和 B 指向连续地址，那么将代码向量化是非法的，因为 A 的某些元素将在从数组 B 读取之前写入。

一些程序员使用 restrict 关键字通知编译器指针不连续，但在我们的示例中，LLVM 循环向量化程序无法知道指针 A 和 B 是唯一的。循环向量化程序通过放置某些代码来处理此循环，该代码在运行时检查数组 A 和 B 是否指向不连续的内存位置。如果数组 A 和 B 重叠，则执行循环的标量版本。

```
void bar(float A, float B, float K, int n) {
  for (int i = 0; i < n; ++i)
    A[i] *= B[i] + K;
}
```

归约

在本例中，循环的连续迭代中使用了变量 sum。通常，这将阻止向量化，但向量化程序可以检测到 sum 是一个归约变量。变量 sum 转变成整数向量，在循环结束时，将数组的元素全部相加以生成正确的结果。LLVM 向量化程序支持许多不同的归约运算，例如加法、乘法、XOR、AND 和 OR。

```
int foo(int A, int n) {
  unsigned sum = 0;
  for (int i = 0; i < n; ++i)
    sum += A[i] + 5;
  return sum;
}
```

LLVM 向量化程序在使用 -ffast-math 时支持浮点归约运算。

归纳

在本例中，归纳变量 i 的值被保存到一个数组中，LLVM 循环向量化程序知道如何向量化归纳变量。

```
void bar(float A, int n) {
  for (int i = 0; i < n; ++i)
    A[i] = i;
}
```

If 转换

LLVM 循环向量化程序能够“扁平化”代码中的 if 语句，生成单个指令流。向量化程序支持最内层循环中的任何控制流，最内层循环可能包含复杂的 if、else 甚至 goto 嵌套。

```
int foo(int A, int B, int n) {
  unsigned sum = 0;
  for (int i = 0; i < n; ++i)
    if (A[i] > B[i])
      sum += A[i] + 5;
  return sum;
}
```

指针归纳变量

本示例使用标准 C++ 库中的 std::accumulate 函数。此循环使用 C++ 迭代器，它们是指针，而不是整数索引。LLVM 循环向量化程序可以检测指针归纳变量，并向量化此循环。因为许多 C++ 程序都会使用迭代器，所以该特性很重要。

```
int baz(int A, int n) {
  return std::accumulate(A, A + n, 0);
}
```

反向迭代器

LLVM 循环向量化程序可以向量化反向计数的循环。

```
int foo(int A, int n) {
  for (int i = n; i > 0; --i)
    A[i] +=1;
}
```

分散 / 聚集

LLVM 循环向量化程序可以把代码向量化为分散 / 聚集内存的标量指令序列。

```
int foo(int * A, int * B, int n) {
  for (intptr_t i = 0; i < n; ++i)
      A[i] += B[i * 4];
}
```

在许多情况下，成本模型都会判定这种转换是没有收益的。

混合类型的向量化

LLVM 循环向量化程序可以向量化混合类型的程序，向量化成本模型可以估计类型转换的成本，并判断向量化是否有收益。

```
int foo(int *A, char *B, int n) {
  for (int i = 0; i < n; ++i)
    A[i] += 4 * B[i];
}
```

函数调用向量化

LLVM 循环向量化程序可以向量化内建数学函数。相关函数列表如下：

```
pow        exp        exp2
sin        cos        sqrt
log        log2       log10
fabs       floor      ceil
fma        trunc      nearbyint
fmuladd
```

向量化过程中的部分展开

现代处理器具有多个执行单元，只有高度并行化的程序才能充分利用机器的整个带宽。LLVM 循环向量化程序通过执行循环的部分展开来增加指令级并行（Instruction-Level Parallelism，ILP）。

在下面的示例中，整个数组被累加到变量 sum 中。因为处理器只能使用一个执行端口，所以效率很低。通过展开代码，循环向量化程序允许同时使用两个以上的执行端口。

```
int foo(int *A, int n) {
  unsigned sum = 0;
  for (int i = 0; i < n; ++i)
      sum += A[i];
  return sum;
}
```

LLVM 循环向量化程序使用成本模型来判定何时展开循环才有收益，是否展开循环取决于寄存器压力和生成的代码大小。

SLP 向量化

超字并行（Superword-Level Parallelism，SLP）向量化程序试图将多个标量运算黏合在一起，形成向量运算。它自下而上地跨多个基本块处理代码，以寻找要组合的标量值。SLP 向量化的目标是将类似的独立指令组合成向量指令，使用此技术可以对内存访问、算术运算和比较运算进行向量化。例如，下面的函数对其输入 (a1, b1) 和 (a2, b2) 执行了非常相似的操作。基本块向量化程序可以将其组合到向量运算中。

```
void foo(int a1, int a2, int b1, int b2, int *A) {
  A[0] = a1*(a1 + b1);
  A[1] = a2*(a2 + b2);
  A[2] = a1*(a1 + b1);
  A[3] = a2*(a2 + b2);
}
```

外循环向量化

外循环向量化是发生在数据并行应用领域程序最外层循环中的一种向量化。例如，OpenCL 和 CUDA 依赖外循环向量化，因为它们指定的迭代在循环外部维度上彼此独立。

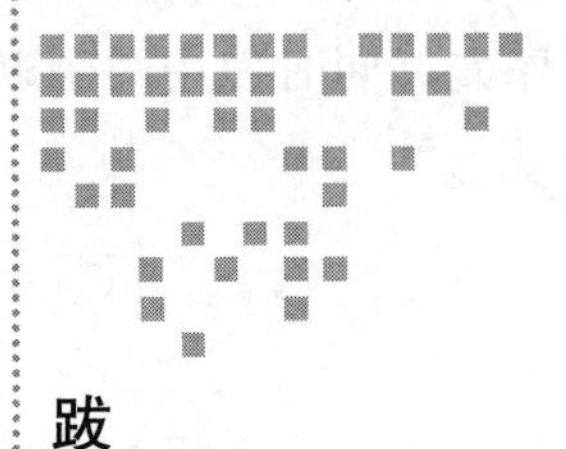

Postscript 跋

感谢你读完了整本书，希望你喜欢它并认为它是有用的。如果本书能帮助你解决现实问题，我会更开心。这样就说明我是成功的，证明我的努力没有白费。在你继续前进之前，请让我简要强调一下本书的要点，并给出最后的建议：

- 硬件性能的增长速度没有过去几年那么快了，与过去 40 年相比，性能调优变得越来越重要，它将成为未来性能提升的关键驱动力之一。
- 在默认情况下，软件是不会达到最佳性能的，某些限制阻碍了应用程序充分发挥其性能的潜力。硬件和软件都有类似的限制。
- “过早优化是万恶之源”，但相反的情况也经常发生，推迟性能优化可能会造成与过早优化一样多的问题。因此，在将来设计产品时，一定不要忽视性能。
- 现代系统的性能不是确定的，它取决于许多因素。有意义的性能分析应该考虑噪声，并使用统计方法来分析性能测量数据。
- 具备 CPU 微架构的知识可能有助于理解实验结果。但是，当对代码进行特定修改时，不要过度依赖这些知识。你理解的模型永远不会像 CPU 内部的实际设计那样准确，预测特定代码段的性能几乎是不可能的。一定要测量！
- 性能调优很难，因为没有预定的步骤可以遵循，也没有相关的算法。工程师需要从不同的角度解决问题，他们需要了解可用的性能分析方法和工具（硬件和软件）。如果你的平台支持屋顶线性能模型和TMA方法，则强烈建议使用它们，它们将帮助你把工作朝着正确的方向引导。此外，也要了解何时可以利用LBR、PEBS和PT等其他硬件性能监控功能。

- 需要了解应用程序性能的限制因素以及解决相关问题的方法，本书第二部分涵盖了每种CPU性能瓶颈（前端绑定、后端绑定、退休、错误投机）的一些基本优化手段。
- 如果代码修改的好处可以忽略不计，则应该将代码保持为最简单、干净的形式。
- 有时，在某个系统上能够提升性能的代码修改在另一个系统上却产生了性能劣化，所以要确保在所有你关心的平台上测试代码修改。

希望本书能帮助你更好地理解应用程序的性能和一般的CPU性能。当然，它并不能涵盖你在性能优化时可能遇到的所有场景。这里的目标是给你一个起点，并向你展示在进行现代CPU性能分析和调优时潜在的选项和策略。

如果你喜欢本书，一定要把它传给你的朋友和同事。如果你能在社交媒体平台上支持本书，帮助传播有关本书的信息，我将不胜感激。

希望能在电子邮件dendibakh@gmail.com上收到你的反馈，告诉我你对这本书的想法、评论和建议。此外，我会在我的easyperf.net博客上发布有关本书的所有更新和其他信息。

祝你性能调优愉快！

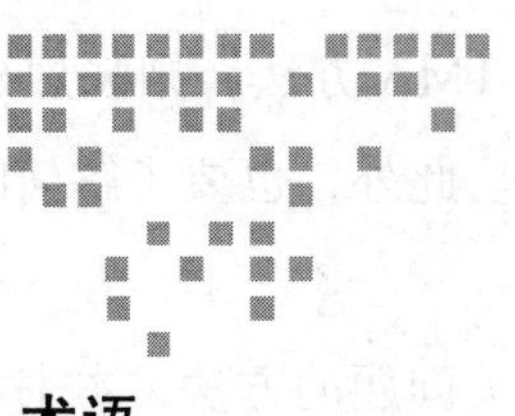

Term 术语

AOS　Array Of Structures（结构体数组）

BB　Basic Block（基本块）

BIOS　Basic Input Output System（基本输入输出系统）

CI/CD　Contiguous Integration/ Contiguous Development（持续集成 / 持续部署）

CPI　Clocks Per Instruction（每指令周期数）

CPU　Central Processing Unit（中央处理器）

DRAM　Dynamic Random-Access Memory（动态随机访问存储器）

DSB　Decoded Stream Buffer（解码流缓冲）

FPGA　Field-Programmable Gate Array（现场可编程门阵列）

GPU　Graphics Processing Unit（图形处理单元）

HFT　High-Frequency Trading（高频交易）

HPC　High Performance Computing（高性能计算）

HW　Hardware（硬件）

IO　Input/Output（输入 / 输出）

IDE　Integrated Development Environment（集成开发环境）

ILP　Instruction-Level Parallelism（指令级并行）

IPC　Instructions Per Clock（每周期指令数）

IPO　Inter-Procedural Optimizations（过程间优化）

LBR　Last Branch Record（最后分支记录）

LLC　Last Level Cache（最后一层缓存）

LSD　Loop Stream Detector（循环流检测器）

MSR　Model Specific Register（模型特定寄存器）

MS-ROM　Microcode Sequencer Read-Only Memory（微码序列器只读存储器）

NUMA　Non-Uniform Memory Access（非一致性内存访问）

OS　Operating System（操作系统）

PEBS　Processor Event-Based Sampling（基于处理器事件的采样）

PGO　Profile Guided Optimizations（基于剖析文件的编译优化）

PMC　Performance Monitoring Counter（性能监控计数器）

PMU　Performance Monitoring Unit（性能监控单元）

PT　Processor Trace（处理器跟踪）

RAT　Register Alias Table（寄存器别名表）

ROB　ReOrder Buffer（顺序重排缓冲区）

SIMD　Single Instruction Multiple Data（单指令多数据）

SMT　Simultaneous MultiThreading（同步多线程）

SOA　Structure Of Arrays（数组结构体）

SW　Software（软件）

TLB　Translation Lookaside Buffer（翻译后备缓冲区）

TMA　Top-Down Microarchitecture Analysis（自顶向下微架构分析）

TSC　Time Stamp Counter（时间戳计数器）

UOP　MicroOperation（微操作）

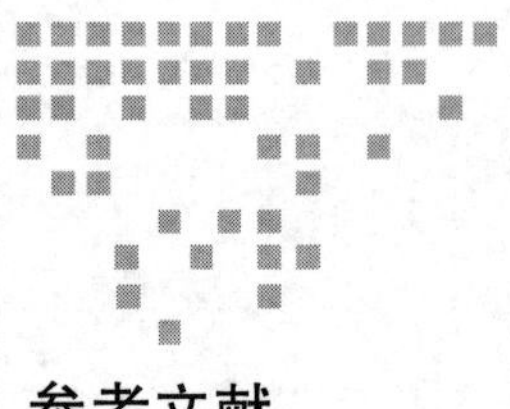

References 参考文献

[1] Andrey Akinshin. *Pro .NET Benchmarking.* Apress, 1 edition, 2019. ISBN 978-1-4842-4940-6. doi: 10.1007/978-1-4842-4941-3.

[2] Mejbah Alam, Justin Gottschlich, Nesime Tatbul, Javier S Turek, Tim Mattson, and Abdullah Muzahid. A zero-positive learning approach for diagnosing software performance regressions. In H. Wallach, H. Larochelle, A. Beygelzimer, F. d'Alché-Buc, E. Fox, and R. Garnett, editors, *Advances in Neural Information Processing Systems 32*, pages 11627–11639. Curran Associates, Inc., 2019. URL http://papers.nips.cc/paper/9337-a-zero-positive-learning-approach-for-diagnosing-software-performance-regressions.pdf.

[3] Dehao Chen, David Xinliang Li, and Tipp Moseley. Autofdo: Automatic feedback-directed optimization for warehouse-scale applications. In *CGO 2016 Proceedings of the 2016 International Symposium on Code Generation and Optimization*, pages 12–23, New York, NY, USA, 2016.

[4] K.D. Cooper and L. Torczon. *Engineering a Compiler.* Morgan Kaufmann. Morgan Kaufmann, 2012. ISBN 9780120884780. URL https://books.google.co.in/books?id=CGTOlAEACAAJ.

[5] Charlie Curtsinger and Emery Berger. Stabilizer: statistically sound performance evaluation. volume 48, pages 219–228, 03 2013. doi: 10.1145/2451116.2451141.

[6] Charlie Curtsinger and Emery Berger. Coz: Finding code that counts with causal profiling. pages 184–197, 10 2015. doi: 10.1145/2815400.2815409.

[7] David Daly, William Brown, Henrik Ingo, Jim O'Leary, and David Bradford. The use of change point detection to identify software performance regressions in a continuous integration system. In *Proceedings of the ACM/SPEC International Conference on Performance Engineering*, ICPE '20, page 67–75, New York, NY, USA, 2020. Association for Computing Machinery. ISBN 9781450369916. doi: 10.1145/3358960.3375791. URL https://doi.org/10.1145/3358960.3375791.

[8] *Data Never Sleeps 5.0.* Domo, Inc, 2017. URL https://www.domo.com/learn/data-never-sleeps-5?aid=ogsm072517_1&sf100871281=1.

[9] Jiaqing Du, Nipun Sehrawat, and Willy Zwaenepoel. Performance profiling in a virtualized environment. In *Proceedings of the 2nd USENIX Conference on Hot Topics in Cloud Computing*, HotCloud'10, page 2, USA, 2010. USENIX Association.

[10] Agner Fog. Optimizing software in c++: An optimization guide for windows, linux and mac platforms, 2004. URL https://www.agner.org/optimize/optimizing_cpp.pdf.

[11] Agner Fog. The microarchitecture of intel, amd and via cpus: An optimization guide for assembly programmers and compiler makers. *Copenhagen University College of Engineering*, 2012. URL https://www.agner.org/optimize/microarchitecture.pdf.

[12] Brendan Gregg. *Systems Performance: Enterprise and the Cloud.* Prentice Hall Press, USA, 1st edition, 2013. ISBN 0133390098.

[13] Tobias Grosser , Armin Größlinger, and C. Lengauer. Polly-performing polyhedral optimizations on a low-level intermediate representation. *Parallel Process. Lett.*, 22, 2012.

[14] John L. Hennessy. The future of computing, 2018.

[15] John L. Hennessy and David A. Patterson. *Computer Architecture, Fifth Edition: A Quantitative Approach.* Morgan Kaufmann Publishers Inc., San Francisco, CA, USA, 5th edition, 2011. ISBN 012383872X.

[16] Henrik Ingo and David Daly. Automated system performance testing at mongodb. In *Proceedings of the Workshop on Testing Database Systems*, DBTest '20, New York, NY, USA, 2020. Association for Computing Machinery. ISBN 9781450380010. doi: 10.1145/3395032.3395323. URL https://doi.org/10.1145/3395032.3395323.

[17] *CPU Metrics Reference.* Intel® Corporation, 2020. URL https://software.intel.com/en-us/vtune-help-cpu-metrics-reference.

[18] *Intel® 64 and IA-32 Architectures Optimization Reference Manual.* Intel® Corporation, 2020. URL https://software.intel.com/content/www/us/en/develop/download/intel-64-and-ia-32-architectures-optimization-reference-manual.html.

[19] *Intel® 64 and IA-32 Architectures Software Developer Manuals.* Intel® Corporation, 2020. URL https://software.intel.com/en-us/articles/intel-sdm.

[20] *Intel® VTune™ Profiler User Guide.* Intel® Corporation, 2020. URL https://software.intel.com/content/www/us/en/develop/documentation/vtune-help/top/analyze-performance/hardware-event-based-sampling-collection.html.

[21] Guoliang Jin, Linhai Song, Xiaoming Shi, Joel Scherpelz, and Shan Lu. Understanding and detecting real-world performance bugs. In *Proceedings of the 33rd ACM SIGPLAN Conference on Programming Language Design and Implementation*, PLDI '12, page 77–88, New York, NY, USA, 2012. Association for Computing Machinery. ISBN 9781450312059. doi: 10.1145/2254064.2254075. URL https://doi.org/10.1145/2254064.2254075.

[22] Svilen Kanev, Juan Pablo Darago, Kim Hazelwood, Parthasarathy Ranganathan, Tipp Moseley, Gu-Yeon Wei, and David Brooks. Profiling a warehouse-scale computer. *SIGARCH Comput. Archit. News*, 43(3S):158–169, June 2015. ISSN 0163-5964. doi: 10.1145/2872887.2750392. URL https://doi.org/10.1145/2872887.2750392.

[23] Rajiv Kapoor. Avoiding the cost of branch misprediction. 2009. URL https://software.intel.com/en-us/articles/avoiding-the-cost-of-branch-misprediction.

[24] Paul-Virak Khuong and Pat Morin. Array layouts for comparison-based searching, 2015.

[25] Andi Kleen. An introduction to last branch records. 2016. URL https://lwn.net/Articles/680985/.

[26] Charles E. Leiserson, Neil C. Thompson, Joel S. Emer, Bradley C. Kuszmaul, Butler W. Lampson, Daniel Sanchez, and Tao B. Schardl. There's plenty of room at the top: What will drive computer performance after moore's law? *Science*, 368(6495), 2020. ISSN

0036-8075. doi: 10.1126/science.aam9744. URL https://science.sciencemag.org/content/368/6495/eaam9744.

[27] Daniel Lemire. Making your code faster by taming branches. 2020. URL https://www.infoq.com/articles/making-code-faster-taming-branches/.

[28] Min Liu, Xiaohui Sun, Maneesh Varshney, and Ya Xu. Large-scale online experimentation with quantile metrics, 2019.

[29] David S. Matteson and Nicholas A. James. A nonparametric approach for multiple change point analysis of multivariate data. *Journal of the American Statistical Association*, 109 (505):334–345, 2014. doi: 10.1080/01621459.2013.849605. URL https://doi.org/10.1080/01621459.2013.849605.

[30] Sparsh Mittal. A survey of techniques for cache locking. *ACM Transactions on Design Automation of Electronic Systems*, 21, 05 2016. doi: 10.1145/2858792.

[31] Wojciech Muła and Daniel Lemire. Base64 encoding and decoding at almost the speed of a memory copy. *Software: Practice and Experience*, 50(2):89–97, Nov 2019. ISSN 1097-024X. doi: 10.1002/spe.2777. URL http://dx.doi.org/10.1002/spe.2777.

[32] Todd Mytkowicz, Amer Diwan, Matthias Hauswirth, and Peter F. Sweeney. Producing wrong data without doing anything obviously wrong! In *Proceedings of the 14th International Conference on Architectural Support for Programming Languages and Operating Systems*, ASPLOS XIV, page 265–276, New York, NY, USA, 2009. Association for Computing Machinery. ISBN 9781605584065. doi: 10.1145/1508244.1508275. URL https://doi.org/10.1145/1508244.1508275.

[33] Reena Nair and Tony Field. Gapp: A fast profiler for detecting serialization bottlenecks in parallel linux applications. *Proceedings of the ACM/SPEC International Conference on Performance Engineering*, Apr 2020. doi: 10.1145/3358960.3379136. URL http://dx.doi.org/10.1145/3358960.3379136.

[34] Nima Honarmand. Memory prefetching. URL https://compas.cs.stonybrook.edu/~nhonarmand/courses/sp15/cse502/slides/13-prefetch.pdf.

[35] Andrzej Nowak and Georgios Bitzes. The overhead of profiling using pmu hardware counters. 2014.

[36] Guilherme Ottoni and Bertrand Maher. Optimizing function placement for large-scale data-center applications. In *Proceedings of the 2017 International Symposium on Code Generation and Optimization*, CGO '17, page 233–244. IEEE Press, 2017. ISBN 9781509049318.

[37] Maksim Panchenko, Rafael Auler, Bill Nell, and Guilherme Ottoni. BOLT: A practical binary optimizer for data centers and beyond. *CoRR*, abs/1807.06735, 2018. URL http://arxiv.org/abs/1807.06735.

[38] Gabriele Paoloni. *How to Benchmark Code Execution Times on Intel® IA-32 and IA-64 Instruction Set Architectures.* Intel® Corporation, 2010. URL https://www.intel.com/content/dam/www/public/us/en/documents/white-papers/ia-32-ia-64-benchmark-code-execution-paper.pdf.

[39] M. Pharr and W. R. Mark. ispc: A spmd compiler for high-performance cpu programming. In *2012 Innovative Parallel Computing (InPar)*, pages 1–13, 2012.

[40] Gang Ren, Eric Tune, Tipp Moseley, Yixin Shi, Silvius Rus, and Robert Hundt. Google-wide profiling: A continuous profiling infrastructure for data centers. *IEEE Micro*, pages 65–79, 2010. URL http://www.computer.org/portal/web/csdl/doi/10.1109/MM.2010.68.

[41] S. D. Sharma and M. Dagenais. Hardware-assisted instruction profiling and latency detection. *The Journal of Engineering*, 2016(10):367–376, 2016.

[42] *Volume of data/information created worldwide from 2010 to 2025.* Statista, Inc, 2018. URL https://www.statista.com/statistics/871513/worldwide-data-created/.

[43] et al. Suresh Srinivas. Runtime performance optimization blueprint: Intel® architecture optimization with large code pages, 2019. URL https://www.intel.com/content/www/us/en/develop/articles/runtime-performance-optimization-blueprint-intel-architecture-optimization-with-large-code.html.

[44] Ahmad Yasin. A top-down method for performance analysis and counters architecture. pages 35–44, 03 2014. ISBN 978-1-4799-3606-9. doi: 10.1109/ISPASS.2014.6844459.

推荐阅读

深入理解计算机系统（原书第3版）

作者：[美] 兰德尔 E. 布莱恩特 等　译者：龚奕利 等　书号：978-7-111-54493-7　定价：139.00元

理解计算机系统首选书目，10余万程序员的共同选择

卡内基-梅隆大学、北京大学、清华大学、上海交通大学等国内外众多知名高校选用指定教材

从程序员视角全面剖析的实现细节，使读者深刻理解程序的行为，将所有计算机系统的相关知识融会贯通

新版本全面基于X86-64位处理器

基于该教材的北大“计算机系统导论”课程实施已有五年，得到了学生的广泛赞誉，学生们通过这门课程的学习建立了完整的计算机系统的知识体系和整体知识框架，养成了良好的编程习惯并获得了编写高性能、可移植和健壮的程序的能力，奠定了后续学习操作系统、编译、计算机体系结构等专业课程的基础。北大的教学实践表明，这是一本值得推荐采用的好教材。本书第3版采用最新x86-64架构来贯穿各部分知识。我相信，该书的出版将有助于国内计算机系统教学的进一步改进，为培养从事系统级创新的计算机人才奠定很好的基础。

—— 梅 宏　中国科学院院士/发展中国家科学院院士

以低年级开设“深入理解计算机系统”课程为基础，我先后在复旦大学和上海交通大学软件学院主导了激进的教学改革……现在我课题组的青年教师全部是首批经历此教学改革的学生。本科的扎实基础为他们从事系统软件的研究打下了良好的基础……师资力量的补充又为推进更加激进的教学改革创造了条件。

—— 臧斌宇　上海交通大学软件学院院长